咖啡烘焙
进阶实践手册

COFFEE ROASTING
BEST PRACTICES

［美］斯科特·拉奥　著
胡元正　译

中信出版集团 | 北京

图书在版编目（CIP）数据

咖啡烘焙．进阶实践手册 /（美）斯科特·拉奥著；
胡元正译．—北京：中信出版社，2022.7（2025.2重印）
书名原文：Coffee Roasting: Best Practices
ISBN 978-7-5217-4327-2

Ⅰ.①咖… Ⅱ.①斯… ②胡… Ⅲ.①咖啡－配制－
手册 Ⅳ.① TS273-62

中国版本图书馆 CIP 数据核字（2022）第 070366 号

咖啡烘焙：进阶实践手册

著　　者：[美] 斯科特·拉奥
译　　者：胡元正
出版发行：中信出版集团股份有限公司
（北京市朝阳区东三环北路 27 号嘉铭中心　邮编　100020）
承 印 者：北京盛通印刷股份有限公司

开　　本：787mm×1092mm　1/16　　印　　张：11.5　　字　　数：145 千字
版　　次：2022 年 7 月第 1 版　　印　　次：2025 年 2 月第 6 次印刷
京权图字：01-2022-2154
书　　号：ISBN 978-7-5217-4327-2
定　　价：88.00 元

服务热线：400-600-8099
投稿邮箱：author@citicpub.com

我想向位于布拉格的 Doubleshot Coffee 的雅罗斯拉夫（Jaroslavs）致谢，
他慷慨地允许戴维（David）、尼尔（Neil）与我使用他们的烘焙厂与咖啡馆拍摄本书照片。

目　录

Contents

第二章
基础咖啡化学与烘焙

第三章
优质烘焙数据的采集

第四章
烘豆机的调整

第七章
解读烘焙曲线

第八章
豆温探针的反应速度与位置如何影响曲线

第九章
空气流量管理

第十章
基本火力管理

第十九章

软件安装与除错

译者序

《咖啡烘焙：进阶实践手册》是斯科特·拉奥关于咖啡烘焙的最新著作，距离他上一本咖啡烘焙著作《咖啡烘焙：烘豆基础手册》的出版已有六年。这本书不仅包含了斯科特过去数年间的烘焙心得和实践经验，也是一本经得起时间考验的经典之作。

对于咖啡产业，斯科特的数本咖啡著作都有着极为重要的承先启后之地位，特别是他提出的很多观点，看似基本，却是保证质量之重要关键，不仅值得进一步深思并由此延伸发展，也非常值得落实于咖啡产业中的每个环节。在本书中，斯科特用了大量篇幅分析烘焙温度时间曲线，对于现代咖啡烘焙而言，这些信息及由此衍生的烘焙操作极为关键。正如斯科特在本书第八章中所说："若是不了解且无法精通判读烘焙曲线的技巧，便无法掌握烘焙这门技艺。"**许多烘焙曲线的操作调整与产品感官感受之间有着明确的因果关系**，还望读者细细阅读并加以理解、实践。

近年来，中国咖啡烘焙市场蓬勃发展，咖啡烘焙信息也呈指数型增长，各家烘焙商纷纷引入高科技的烘焙设备与优质精品咖啡生豆。烘焙商若是能在自己的产品烘焙上充分运用本书中这些烘焙曲线分析的观念，定然能够造福消费者，也能因此促进提升国内上游咖啡生豆质量、增进下游咖啡饮品的水平，从而承先启后带动社会整体咖啡文化进步。

我从事咖啡烘焙行业十余年，曾多年担任许多烘焙厂的顾问，这五六年来，也担任世界烘焙大赛（WCRC）主审的工作，以我的经验来看，我的很多实践体会与原则与本书内容不谋而合。因此我在翻译本书时，虽然以完整、准确传达作者原意为先，但也会在不使读者分心之下，简短补释作者原意。在本书中，作者语意平实但充分流露其真挚性格，字里行间许多的烘焙原则建议，也显现了对读者的殷殷期盼。译文语意与章节意旨等专业内容若是仍有需讨论解释之处，欢迎联系，我将尽力协助读者。读者若是能仔细理解本书内容，并且依照自身条件适切执行书中建议，那么定然会有更多咖啡消费者能够体验并享受到好咖啡。

胡元正

前言

当我在 2014 年写《咖啡烘焙：烘豆基础手册》（*The Coffee Roaster's Companion*）时，我不知道如何去表达我对烘焙的想法。当时还没有关于专业烘焙的书。咖啡行业当时没有许多关于烘焙的共同词汇与共识，也需要对烘焙进行建设性的讨论。而大部分的烘焙从业者似乎都迟疑于分享自己的意见，也许是怕揭露秘密或是怕说错什么。

我不太确定大部分读者具有多少烘焙知识与经验，所以我以能够对所有程度的烘豆师都有助益的方式书写《咖啡烘焙：烘豆基础手册》一书。在过去四年间，全球大部分的烘豆师都已能接受该书所提出的概念，例如**发展时间比例**（development time ratio，DTR）及**升温速率**（rate of rise，ROR）曲线的稳定下降等概念。而作为一个群体，我们对于咖啡烘焙有了前所未有的、以有条理与实务经验为基准的对话。

当初写《咖啡烘焙：烘豆基础手册》时，我已经用过约 100 台烘豆机，这让我对烘焙过程有了独特而全面的视野。而当我写作本书时，我已经使用过 300 多台烘豆机并且分析了数百台烘豆机的烘焙数据。这样丰富的经验帮助我在烘焙上形成了更为前卫的观念，若我仅有数台烘豆机的使用经验，我是无法形成这些想法的。本书是我经验的产出，我分享所学，希望这对你的烘焙技艺有所裨益。

简介

本书为有经验的烘豆师而写。我假设读者都熟知烘豆机的基本部件及常用的烘焙术语，并且粗略地了解豆温与 ROR 曲线。前面几章会探讨所需要的设备、软件与配件。中间的章节描述了如何调整烘豆机、如何确保稳定一致的烘焙结果，以及如何分析烘焙曲线。本书最后的数个章节则是关于火力调整、操控烘焙曲线以及烘焙后品控等进阶的观念。

本书的目标是为读者提供一个有效率地发展咖啡并尽可能减少烘焙瑕疵的系统。若是将整体加以应用，并加上一些练习，这一系统会运作良好（我的数百位客户都已证明这一系统的可行性，其中许多是举世闻名且最为人敬重的烘焙商）。我希望读者们能抱着开放的心胸采纳这个系统，并投入时间与努力让这个系统起作用。

斯科特·拉奥（Scott Rao）

加利福尼亚州，2019 年

第一章

如何对待新咖啡

How To Approach a New Coffee

· 1 ·

我不是采购**咖啡生豆**（green coffee）的专家。虽然我能够分辨 86 分与 87 分咖啡之间的差别，但是要当一个娴熟的生豆采购者，所需的远远不止灵敏的味蕾。我认识许多职业买家，他们的生豆采购技能远远超过我。生豆采购的艺术值得出一本书专门介绍并且已经问世——《亲爱的咖啡采购者》（*Dear Coffee Buyer*），由莱恩·布朗（Ryan Brown）执笔。我百分之百支持书中的所有论述，如果你计划采购生豆或是在咖啡行业内工作，我强烈建议阅读此书。我几乎无法为此书补充任何内容，所以我也不会在此浪费篇幅谈论生豆采购的事。

然而，若是你有一些烘焙经验，而且已经把《亲爱的咖啡采购者》一书从头到尾读了六遍，当你被要求烘一批陌生的生豆时，你该如何处理？

如何烘焙陌生咖啡

当决定烘焙新咖啡时，有三个“工具”可以协助烘豆师：

· 个人经验：当已经烘过上千批次之后，烘豆师心中会有一个关于生豆及其在烘焙时的表现的资料库。当面对一种新豆子时，烘豆师可以凭过往经验描绘出烘好这种咖啡预想的烘焙设定与烘焙时间。例如，有经验的烘豆师知道在烘焙日晒豆或是粒径格外小的豆子时需要降低火力设定。

· **样本烘焙**（sample roast）：在第一次**量产烘焙**（production roast）

枝条上的咖啡果实

之前，烘豆师可能会选择先进行样本烘焙，好得到一些该如何烘焙的想法。关于如何烘焙一种咖啡，样本烘焙可以提供有用但有限的观点。请参见第十五章关于样本烘焙的延伸讨论。

· 测量生豆的物理特性：有数个物理特性会影响该生豆的烘焙方式。最重要的有生豆的大小、形状、密度与含水率（moisture content）。在计划烘焙设定时，我会考量这些特性，以及烘焙量与生豆的后制方式（日晒法、水洗法等）。

理想中，烘豆师应该尽量追踪所烘焙的每种咖啡的物理特性。一旦积累了足够多的已测量生豆资料作为资料库，烘豆师就可以参考资料库，找到最接近新到生豆的近似生豆资料。过往成功的烘焙设定可作为新到生豆的有价值的烘焙起点。

由于这样的资料库需要复杂且长时间的积累，我在此建议走一条捷径：请尽量专注于生豆的大小与含水率。这两项特性的数据变化范围很广泛，对烘焙设定的最佳化有巨大的影响。在计划烘焙一种陌生的咖啡时，可在过往烘焙记录中找寻具有近似粒径与含水率的豆子，并采用该近似豆子的最佳烘焙设定，然后根据经验再做出调整。

咖啡的物理特性如何影响烘焙

当烘豆师告诉我他们是如何处理新豆子的烘焙时，他们最常提到的是生豆的后制处理方法（比如日晒法或是水洗法）及密度。虽然这两者是需要考虑的重要因素，但我想在此扩展烘豆师在分析如何烘焙新到生豆时应考虑因素的范围。

生豆大小

在其他条件都相同的情况下，咖啡豆越大就需要越多的烘焙能量。若一名烘豆师以 0~100% 来记录所使用的火力设定，并且想要将两种咖啡在近似的时间范围内烘焙至相同程度，那么，举个例子，烘豆师很可能会以最大火力的 80% 烘焙肯尼亚 AA 咖啡，但只需以最大火力的 65% 烘焙来自相同农场的肯尼亚圆豆。

含水率与水活度

含水率指咖啡豆总重中水分所占的比例。含水率较高的豆子一般需要较多的烘焙能量，并且烘焙过程中会释放出较多的水蒸气。这些水蒸气不仅会降低豆表温度，也可能导致部分接近咖啡的热空气偏离，从而阻碍热量传递至豆内。较高的含水率也提高了豆子的**热导率**（thermal conductivity），因此提高热能传递至豆心的速度，但高含水率造成的蒸发冷却与热空气偏离的效应会远超过热导率提高的效果。

一般典型生豆的含水率为 8% ~ 12%，含水率低于 8% 的咖啡通常尝起来空洞或是带有麦秆味（但少数产区的咖啡在低含水率时尝起来会比较美味）；含水率超过 12% 的豆子可能会烘焙出尝起来风味十足的咖啡，但是时间一长就可能造成附着于生豆上的微生物过度繁衍，这将导致风味受损或危害消费者健康。**水活度**（water activity, a_w）与含水率不同但有相关性。根据维基百科的定义，特定物质中水的饱和蒸气压除以标准状况下纯水的饱和蒸气压就是水活度。以通俗的讲法来说，水活度就是食品中自由（未结合）的水分子与已结合的水分子之间的比例。微生物的生长需要水分，当食品具有较高的水活度时，会滋生更多不同的微生物。

精品咖啡的水活度范围在 0.45 ~ 0.65 之间，而高品质生豆的水活度会在 0.53 ~ 0.59 这一范围内。因为这一区间很狭窄，且水活度又与含水率高度相关，所以，很难将水活度在烘焙咖啡时对于能量需求的影响单独分离出来探讨。

虽然我无法对如何将水活度数据用于烘焙能量需求提出建议，但是我建议尽量采购水活度在 0.53 ~ 0.59 之间的生豆。当然你可能会在此水活度范围之外找到迷人的咖啡，但水活度在此范围内的咖啡尝起来很棒，而且老化速度较为和缓。

密度

密度越大的豆子需要越多的烘焙能量。例如，生长于海拔 1500 米的危地马拉大密度咖啡豆比粒径相近但生长于海拔 500 米的密度较小的巴西咖啡，明显需要更大的烘焙火力。对于使用生豆品质范围广泛的烘豆师而言，密度是一个重要的考虑因素。然而，只使用高海拔、高品质的精品咖啡生豆的烘豆师不必特别关注咖啡的密度，因为这些咖啡豆密度差异不大，很少出现需要不同火力设定的现象。

可以采用常见的**堆积密度测量法**（bulk density measurement）或是**水中置换法**（displacement measurement）来测量咖啡密度，而不需使用昂贵的仪器。堆积密度测量法仅需使用一个已知容积的容器，装满生豆并称量生豆的重量，将此重量除以容器容积即可。这种测量方式很简便，但并不精确，并可能产生误解，因为生豆的大小与形状会影响在一定容积内能装入豆子的多少。若是以水中置换法测量生豆密度，应将已知重量的生豆置入已知容积的容器中，然后加入液体（例如水）填满剩下的空间，以此计算生豆置换了多少体积。

生豆形状

让我们考虑两个极端的状况，以说明豆形对烘焙的影响：假设两种豆子体积相同，一种是完美的球形，另一种则像矩形的砖头。在所有的豆形中，球形豆具有最低的表面积体积比与最长的豆表至豆心最短距离，而砖形豆的豆心更容易有好的烘焙发展，因为其豆表至豆心最短距离比球形豆子的短。但是，砖形豆容易出现**尖端焦伤**（tipping）、**焦斑**（scorching）和烘焙发展不均的现象。砖形豆在转角的高表面积体积比使该处容易出现尖端焦伤[①]，而邻近区域则容易出现焦斑。咖啡豆也许永远不会真的形状像砖头或是球体，但这两个极端的例子说明越圆的豆子越容易烘焙均匀，且没有不受欢迎的烘焙瑕疵风味。

结论

其实没有简单扼要的公式来预测一种陌生的豆子应该怎么烘。但有经验的烘豆师可以系统化地进行设定，而不是完全靠猜测。烘豆师可以结合样本烘焙的资料、生豆物理特性的测量数据以及烘焙类似咖啡时所获得的洞见，有自信地运用具有发展潜力的烘焙设定进行新豆子的第一次烘焙。

---

① tipping 一词作者意指尖端焦伤，即几何形状上的特征造成该处易于产生焦伤。然另一说认为 tipping 应译为种孔焦伤。种孔是咖啡种子发芽时胚芽伸出之处，每粒种子仅有一个种孔，位于咖啡豆长轴上一端。种孔焦伤的成因为烘焙初期火力过大，过热气体自种孔喷出而造成该处烫伤。故每颗咖啡豆仅有一端会形成种孔焦伤。作者此处采用前者说法，故译为尖端焦伤。——译者注（如无特别说明，本书脚注均为译者注）

第二章

基础咖啡化学与烘焙

Basic Coffee Chemistry and Roasting

· 2 ·

烘豆师喜欢讨论**美拉德反应**（Maillard reaction）、**焦糖化反应**（caramelization）、“脱水期”（drying phase）及其他一些烘焙化学问题，关于“如何将烘焙化学的知识用在增进咖啡的风味上”这样的主题讨论却极少能听到实用且准确的建议。我们总共可能仅了解烘焙化学的1%而已，而且已知的部分还难以或是根本不可能应用于烘焙实务中。在本章中，我将讨论烘焙化学的基本现状，但我提供的建议是为了一般的兴趣，而非为了烘焙实务。关于烘焙化学细节的书与科学论文很容易找到，若是特定主题吸引了你，你当然可以继续深入研究，只是不要期待这样的努力能够帮助你成为更好的烘豆师。

烘焙过程中的物理变化

烘焙造成的最明显的物理变化有颜色褐变、豆体膨胀和咖啡豆失水这三项。在烘焙中，咖啡豆开始失去水分，同时内部压力升高，体积增大近两倍，并且出现失重。烘焙时同步发生的豆体膨胀与失重会让咖啡豆的密度缩小至烘焙前的一半。

烘焙的过程会产生水分，并将咖啡豆所含的绝大部分水分烘离豆体。烘焙后的咖啡豆通常含水率仅为1% ~ 2%，这些仅剩的水分全部或几乎全部与纤维素结构结合了。咖啡烘焙的净失重由该批次烘焙前的含水率及烘焙度决定。烘焙失重率可低至13%［浅的**第三波咖啡浪潮烘焙**

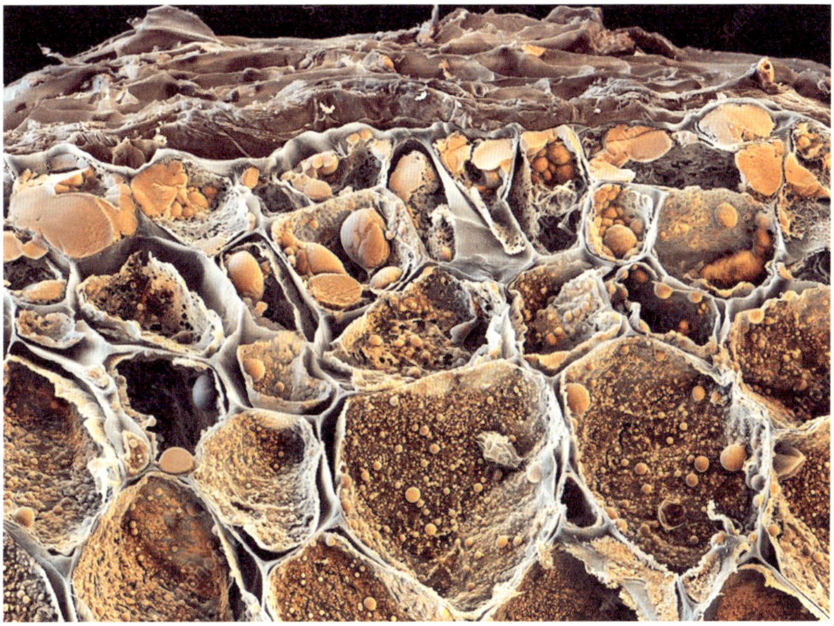

咖啡豆的结构由成束的纤维素交织形成大约 100 万个细胞或小空间。各种不同的固体与油脂附着分布于纤维素上，而水分通常占豆重的 8% ~ 12%。若你已知咖啡在显微镜下看来如此丑陋，你还会如此喜爱咖啡吗？

（third-wave roast）]，中至 20% 以上 [二爆（second crack）初期，如典型的星巴克烘焙]，最高可达 25%（难以言喻的深烘焙）。

许多生豆中含有的化学物质在熟豆中也存在，另有许多新的化学物质会在烘焙过程中形成。一些烘焙中重要的化学物质改变包括：

· 绿原酸的分解。

· 生豆中几乎所有的游离蔗糖都会分解。

· 生成长链糖分子或成为多糖。

· 多糖崩解而生成较简单的糖类。

· 糖分子与氨基酸之间的反应生成咖啡的“烘焙味”（roasted）。

· 焦糖化反应造成的糖类褐变。

· 在深烘焙下，有机物质的**碳化**（carbonization）。

与一般认知相反，在烘焙过程中，咖啡因的含量仅有些微减少，所以咖啡因在熟豆中的重量比例反而会因咖啡豆失重而增加。因此，若以相同水粉比将浅烘焙与深烘焙的咖啡分别冲煮至相同的咖啡浓度，冲煮出的深烘焙咖啡会含有较多的咖啡因。

烘焙过程中产生的气体会在豆内产生压力。虽然研究者对于到底要蓄积多少压力才能引发**一爆**（first crack）的推测差异极大，但中位数估值为 10 个大气压。烘焙弱化了豆体的纤维素结构，并且增加了核心压力，当压力对弱化的结构而言已经太大的时候，就到达了引爆点，从而引发一爆，即豆体结构发生有声断裂，并从豆内释放出主要为水蒸气的气体。

一爆的时长为 1 ~ 3 分钟，一开始速度缓慢，然后在增快后再次变慢。在一爆结束后不久，二爆随之开始发生。二爆的成因是纤维素结构的进一步弱化与断裂，但爆裂时释出的气体主要是二氧化碳。二爆时，有另一项指标会显现出豆内压力的增加正在冲破弱化中的结构，即一些咖啡豆表面有油脂渗出。

“脱水期”

许多烘豆师会用“脱水期”这个有些误导意味的字眼指称烘焙过程中最初的数分钟。咖啡豆在烘焙最初的 60 ~ 90 秒并不会释出水分（或仅释出些微的水分），因为所有的豆子都未达到水的沸点。而在随后几分钟，咖啡豆的水分会以高且稳定的速度释出，因为豆体由外往内会一层层依序达到沸点而开始释放水蒸气。

褐变反应

烘焙进程脱离脱水期后，即进入两个连续的非酶促褐变反应阶段：美拉德反应阶段与其后的焦糖化反应阶段。一旦咖啡豆的含水率够低，美拉德反应随即开始。

美拉德反应是不同的还原糖与氨基酸于烘焙中进行的反应。这一反应对于烘焙十分重要，许多咖啡的风味、香气与复杂性都由美拉德反应产生。最广为人知的美拉德反应产生的香气包括烤面包及烤肉的香气。

虽然美拉德反应对咖啡风味非常关键，但许多烘豆师对他们臆断的风味与美拉德期时长的关联性反应过度。第十三章有更多相关的讨论。

当美拉德反应进入尾声时，焦糖化反应开始发生。焦糖化反应会进一步使咖啡豆褐变，产生新的香气物质，降解豆内残留的微量糖分，并且增进咖啡又苦又甜的品质。

发展时间

焦糖化反应持续进行、一爆开始之时，烘焙就进入了**发展时间**（development time）。

如同其他烘焙阶段的命名一样，“发展时间”也是个会被误解的词语。狭义地说，发展时间指的是自一爆开始到烘焙停止的时间。我想在此告诉读者的是：请勿认为越长的发展时间就代表越多的**烘焙发展**（roast development）。发展时间与烘焙发展程度之间的关系并不是如此单纯。

碳化

若选择的烘焙度超过二爆中期，就会产生碳化，使豆色转黑。虽然我对享受如此深烘焙咖啡的人不会加以批判，尽管有着皮爷咖啡（Peet’s）、星巴克及其他模仿者的努力，但我的确乐于见到如此深烘焙并碳化的咖啡的受欢迎程度在过去数十年间有所消退。如此深的烘焙不仅会摧毁品种的特质与细节，也会迫使油脂浮现于豆表，从而快速产生腐臭。油脂的酸败不仅会导致风味不好，而且有损消费者健康，故应该避免饮用。

烘焙发展

将咖啡的纤维素加以破坏分解的过程叫“烘焙发展”。随着烘焙的进行，纤维素一开始会橡胶化，接着变得更脆、更多孔。当咖啡豆在研磨过程中需要有效率地粉碎时，脆性是必要的特性；而当冲煮咖啡时，多孔性让水能够进出咖啡的颗粒细胞。当咖啡豆不够脆，或是孔隙不足时，我们会称之为**发展不足**（underdeveloped）。发展不足的咖啡在冲煮时萃取率低，会产生蔬菜型的香气。请注意，烘焙发展不是仅将咖啡豆的外表颜色烘深即可，虽然这是最简单的增加烘焙发展的方式，但其实老练的烘豆师能够浅烘咖啡，而豆内没有任何发展不足的现象。接下来，我们将专注于在尽量避免烘焙瑕疵的同时如何增进烘焙发展。

Dwyer
SP1
SP2
ALLO
ALHI
0502
MENU
E
SP/AL
RST

第三章

优质烘焙数据的采集

Quality Data Collection

·3·

本书为有烘豆机或是至少已有一些烘焙经验的人撰写。若你是想买烘豆机的新手，请阅读我即将发行的电子书《如何选购烘豆机》（*How to Choose a Roasting Machine*），我在书中讨论了各机型烘豆机的特点与应考虑的改装①。

本章将专注于讨论烘豆机上两个最重要的部件，这两个部件应是（但不总是）烘豆机的标准配备：精确的**压力计**（manometer）和具有适当尺寸并安装适当的**豆温探针**（bean-temperature probe）。这两个部件非常关键，因为它们可追踪烘焙中最主要的输入与输出数据：压力计测量燃气压力，也就是烘焙输入；而豆温探针追踪豆子的温度，是烘焙最重要的输出。若你的烘豆机缺少其中任何一项，我强烈建议装设这种设备来升级烘豆机。

你也许会好奇烘豆机制造商为什么会生产未优先装设这两种设备的烘豆机。这其实有其历史背景因素：烘焙数据记录软件于 10 ~ 12 年前才开始被广泛运用。在数据记录开始盛行之前，少有烘豆师想到要收集准确数据，所以，当时的烘豆机往往仅有一支反应缓慢且很粗的温度探针，或是根本未装设温度探针。

---

① 《如何选购烘豆机》一书全文请参见网址：https://www.scottrao.com/blog/2020/4/8/how-to-choose-a-roasting-machine。

虽然类比式压力计在外观上更具美感，但其读值难以精确地识别。例如，若这台烘豆机的最大燃气输出为 20 毫巴（2 千帕），这仅为该压力计的部分范围。而当要精确地重复该批次的烘焙时，该批次的燃气压力应能精确至可分辨 10.1 还是 10.2，这非常重要，但我怀疑是否有人能够在类比式压力计上如此精确地判读

在数据记录的早期，制造商忽略了顾客对更好的温度探针与压力计的需求。与此同时，大胆的家用烘焙者修改自己的烘豆机，在网上张贴他们的数据，并传播关于精确烘焙数据的价值这类观念。在过去十年间，制造商已然修改了各自的数据收集系统。

但是，还有许多要努力的地方，因为有些很受欢迎的烘豆机仍然缺乏适当的温度探针与压力计。就算你拥有的新烘豆机具有种种高科技配置，也请你阅读此章并检查自己的烘豆机是否已经为优质的烘焙数据采集做出了最佳设定。

压力计

在烘焙过程中，烘豆师应该时时清楚自己到底使用了多少燃气[①]，但许多烘豆机缺少压力计（此处专指装设于燃气调整阀与燃烧器之间的压力计），无法随时读取会变动的燃气用量。关于那些于原厂就装设压力计的烘豆机，许多读值的解析度太低会造成实用性不佳。例如，一台烘豆机正常使用的燃气压力范围为 0 ~ 8 **英寸水柱**（inch of water column），但配置的压力计读值范围为 0 ~ 25 英寸水柱。换句话说，所有可能出现的读数都挤在压力计可测量范围的一段小区域中，这让精确的读取与重现变得不可能。虽然深入探讨各式压力计的细节已超出了本书的讨论范围，但各位读者值得花时间去学习关于压力计的种种，并确保自己选择了适合的压力计。至少可以选购一个优质的数位压力计，来提高测量的准确性。

也许你的烘豆机没有精确的压力计，但在控制面板上有“燃气百分

① 这严格说来不是真的，因为烘豆师可以用**入滚筒风温**（inlet temperature）探针来代替燃气压力读值，但这部分讨论不在本书专注探讨的范围内。——作者注

一个优良的数位式压力计能提供测量经程式消除噪讯后的读值，并同时提供所需的精确度

比”（gas%）数值可供读取。这种百分比的读值不指示压力的大小，而是指示出阀件的设定。也就是说，显示“30%”代表燃气阀开启了30%。这种系统的问题是，当送入烘豆机管线的压力值改变时，燃烧器的热量输出也随之改变，但控制面板上仍然显示30%。若你输入燃气来源的压力不波动，这类系统就有良好的效果。

输入的燃气压力很可能在一天中会频繁地变化（若是供应烘豆机的燃气管线与其他设备共用），或是有季节性变化，甚或几乎没有变化。输入的燃气压力若有常规性的波动，会导致你的烘焙结果不一致，但你可能不知道原因是什么。所以，若是配备了压力波动控制系统，请考虑在燃气输入端加装压力计与调整阀，以确保输入烘豆机的燃气压力保持恒定。

温度探针

电阻温度检测器（RTD）与 J 型和 K 型热电偶（thermocouple）类型的温度探针都适合烘焙咖啡。一支有效的温度探针应反应灵敏且安装位置正确。探针的反应速率与其直径相关：较细的探针反应速率比较粗的快，因为细的探针具有较低热质量，所以温度变化较快。烘豆机制造商常喜欢装设直径较粗的温度探针，原因可能是不太容易损坏，但有时仅是因为无知：他们可能并不了解快速拥有精确温度数据的价值。当我提倡使用反应更快的温度探针时，许多制造商辩解说这并不重要，而其他制造商则真切地想知道为什么，因为之前从未有过这样的要求。

同样，制造商常常选择将探针安装于靠近滚筒轴心处（距离滚筒内壁很远的位置）。这样安装的豆温探针虽然在满载烘焙量下可以处于豆堆之中，但当烘焙批次量较少的时候，探针就无法位于豆堆之中，并很可能因此无法提供准确的豆温数据。

适当的探针尺寸与位置

我建议使用直径为 2.5 ~ 4 毫米的温度探针。依据我的经验，较粗的探针常常反应过慢，而较细的探针则会有太多的干扰信号。直径大约 3 毫米的温度探针可在反应速率与信号干扰间取得最佳平衡。在安装位置上，最重要的是小批量烘焙时探针仍能位于豆堆的核心。若是探针尖端过于接近烘豆机中间（滚筒轴心），滚筒中的咖啡豆就可能被周期性地搅离探针，造成豆温数据变化无常。烘焙量与滚筒转速（revolutions per minute, r/min）会影响豆堆的位置，所以应采取安全保守的探针安装位置，好让探针尖端在最小烘焙量下仍能位于豆堆之中。

对于较小的烘豆机，我建议探针尖端应距离滚筒内壁与前面板内壁

当豆温探针过于接近滚筒中轴时，在烘焙烘焙量较小的批次时，探针可能无法提供准确的豆温读数

各 2 ~ 3 厘米。而较大型烘豆机（12 千克烘焙量或以上）的探针尖端则应距离滚筒内壁与前面板内壁各 3 ~ 4 厘米。在钻洞装设温度探针之前，还有一件非常重要的事，就是确认探针位置不会妨碍滚筒**搅拌桨叶**（mixing vane）的移动。一旦确认了新的探针安装位置是安全的，即可在关机状态下钻洞，然后在滚筒转动时将木制或是塑胶搅拌棒（被折断也无妨）轻柔地从洞中伸入滚筒，以确认豆温探针的安全深度。

于逆时针方向回转的滚筒式烘豆机上完美的豆温探针安装位置

我的友人马克将烘豆机的金属门片更换为透明塑胶片，借此观察在不同烘焙量与滚筒转速下豆堆的位置。星状符号标示安装豆温探针的理想位置

第四章

烘豆机的调整

Tuning Your Roaster

·4·

当客户聘请我为其做烘焙咨询时，他们往往期待我一开始就直接进入改善烘焙曲线的环节。虽然我真心希望所有的工作都可以这样直接进行（有些的确如此），但我通常发现客户的烘豆机并未恰当地调整至烘焙的最佳状态。想要有稳定优异的烘焙表现，其先决条件就是调整烘豆机状态，并具有收集优质烘焙数据的工具。请在尝试将烘焙曲线最佳化之前，先把这些重要的事项处理妥善。

我发现最常见的问题包括反应慢且装设位置不当的温度探针、不合宜的滚筒转速以及燃气压力不足。这些问题的常见程度让安装不合格的烘豆机成了常态，而非例外。一旦我们着手解决这些问题，就为快速改善烘焙结果奠定了基础。确认温度探针尺寸与装设位置都是一次性的事，所以烘豆师应该定期检查的是温度探针安装的稳固性与清洁度、滚筒转速以及燃气压力。

滚筒转速

适当的滚筒转速是烘焙中均匀混合咖啡豆、减少焦斑与尖端焦伤［过多**导热传热**（conductive heat transfer）的副作用］，以及确保有充分的**对流传热**（convective heat transfer）所必需的条件。请不要认定制造工厂已经为你的新烘豆机做了妥善的转速设定。少数制造商拥有糟糕的过往记录，虽然售出相同的机型，但其转速差距很大。

传统滚筒式烘豆机（classic drum roaster）的最适宜转速由滚筒直径决定。但鉴于不同品牌烘豆机的滚筒比例不一（比如有些15千克烘焙量的烘豆机的滚筒宽而浅，但另一些的窄且深），所以表4-1中的推荐转速范围仅为估计值，而非定则。

表4-1 烘豆机滚筒的建议转速

烘豆机容量（千克）	滚筒转速（r/min）
1 ~ 2	70 ~ 80
5 ~ 7	60 ~ 70
12	52 ~ 56
15	50 ~ 54
30	46 ~ 50

滚筒的转速太低或是太高都会使豆子在每一次滚转时停留于滚筒壁上的时间过久，增加造成焦斑与尖端焦伤的风险。滚筒转速在适当范围的烘焙才有最佳机会产出风味干净柔和的咖啡，而且可将出现烘焙瑕疵的机会降到最低。

设定空气流量

在烘焙时，**空气流量（airflow）**负责将热量、烟雾与银皮排出烘豆机，并负责提供热对流传递。空气流量太少会让咖啡尝起来有烟熏味，但除此之外，空气流量并不会直接影响咖啡的风味。当你改变各烘焙批次间的空气流量设定时，它会改变流入与流出热量的平衡，并改变**豆温曲线**（bean-temperature curve）与 **ROR 曲线**（ROR curve）的形状，以此间接影响咖啡的风味。

虽然我无法精确地指出你的烘焙应该使用多少空气流量，但以下指标应可确保空气流量设定于合理的良好范围内。这些建议仅适用于传统滚筒式烘豆机，若是**间热滚筒式烘豆机**（indirectly heated drum roaster），则请参见第十三章关于间热滚筒式烘豆机空气流量设定的建议。Loring 烘豆机的使用者则可跳过本章，因为其空气流量的管理与燃烧器的调整都已由原厂预设完成。

传统滚筒式烘豆机可使用“打火机火焰测试”来调整空气流量的设定。要以此方法测试，应于一批次烘焙半程时，将打火机置于**取样勺**（trier/trowel）洞口前一厘米。点燃打火机并移除取样勺，然后注意火焰倾向洞口的角度。若是来自洞内的空气将火焰推离洞口，则空气流量设定太低；若是火焰倾向洞口 60 ~ 90 度，则空气流量设定合理；若是吸入洞口的空气将火焰吹灭，那么空气流量的设定就太高了。这样测试出的“合理”范围能确保空气流量设定就算不是最佳的，也至少是合宜的。

充分的空气流量不仅可以从滚筒中移除烟雾与银皮，也可以避免烘焙后期滚筒内积存太多热能。若是在停止烘焙下豆[①]时有大量烟雾散逸而出，或在冷却盘中可见数量显著的银皮与咖啡豆混合，都代表空气流量的设定太低。

一台烘豆机的空气流量设定过高时是难以辨别的，未能通过打火机的火焰测试只是个粗略的指标。当空气流量明显过高时，敏锐的烘豆师会注意到一些线索，比如**环境温度**（environmental temperature, ET）曲

---

① 从烘豆机中将咖啡豆释放出来。——编者注

此批次要么空气流量设定太低，要么烘焙度非常深

线在烘焙早期即达到高峰但在一爆开始前就已下降、ROR 骤降（ROR crash）的现象难以修正，以及烘焙时间比平时稍微延长。

若无法知道所使用烘豆机的滚筒压力，我建议在滚筒至排气风扇之间的管道装设一个压力计。因为滚筒内压力是一个很有效的空气流量替代指标，装设压力计有助于在不同天气条件下每天维持稳定一致的空气流量。我建议使用可发送数位信号至烘焙数据记录软件的压力计，如此可自动记录滚筒内压力的数据。

燃气压力

烘豆机通常会有一面金属铭板装设于机体某处的侧面，上有关于电源与燃气的需求规格信息。大部分烘豆机制造商的网站上也有关于这两项信息的列表。我的顾问客户中有相当多的人在我开始与他们工作之前使用了过小的燃气压力。所以，请花点儿时间学着了解烘豆机所需的燃气规格。不足的燃气压力不仅会限制批次烘焙量，还会减缓烘焙进程。在烘豆机装设之前，应先检查燃气压力与管线直径是否符合机器需求，最适合的燃气压力应为制造商建议规格的上限值。也就是说，若制造商建议燃气压力范围为 3 ~ 5 千帕，则应将压力维持在 5 千帕。

若无法确定当前燃气压力，只要在合理的空气流量与投豆（charge）温度下烘焙一个 75% 容量的批次，若是烘焙时间能够少于 12 分钟，那么所使用的燃气压力大概就是充足的。

燃烧器的调整

许多较新型的烘豆机采用可控制空燃比（air-fuel ratio）的燃料喷射（fuel-injected）燃烧器，以确保燃烧调整的最佳化。这类机型在装设完

大部分烘豆机的机体侧面会有金属铭板，标示燃气与电力需求规格

这台 Joper 烘豆机的火焰急需调整

成交机前应由技师调整燃烧器设定至最佳比例。相对于较早期烘豆机上常见的自然进气燃烧器，现代的燃料喷射燃烧器有较佳的燃料利用率及较少的污染排放。

使用自然进气燃烧器时要注意的是，改变经过滚筒的空气流量设定不只会改变烘焙品质，也会改变燃烧品质。要找到兼具干净蓝色火焰与高品质烘焙的空气流量范围通常很容易。若是无法在正常的空气流量范围内得到干净且以蓝火为主的火焰，就需要联系烘豆机制造商请求协助。若是燃烧火焰呈现稳定的蓝色，那么空燃比的设定大概就在合理的状态。

第五章

烘焙预备与稳定性

Preparation and Consistency

·5·

稳定的结果

以当今的科技而言，要达成完美稳定的烘焙一致性是不可能的。就算控制了烘豆间的温度、生豆的温度，执行了有效的**批次间程序**（between-batch protocol）并使用了最合适的烘焙数据记录设备，也仍然无法完美地复制烘焙。就算是业界最佳的烘豆师，其重制的烘焙批次仍有相当大的差异，远不足以常态性地骗过一名熟练的**杯测师**（cupper）。

当我被问到该找谁买咖啡熟豆时，不稳定性是我会迟疑的首要原因。就算是我所知的最棒的烘豆师都难以复制他们的最佳烘焙。虽然有些不稳定性的成因难以控制，但你能管控或排除越多的变因，就越能再现烘焙。这里有一些策略可以帮助你提高再现性。

生豆温度

稳定生豆的温度也许是提高烘焙再现性最简单的方法。永远投入相同温度的生豆有助于使烘焙结果保持一致。事实上，就算生豆的温度每天仅有一点儿差异，也不可能再现烘焙了。当然，你的**烘先达**（Cropster）的曲线记录看起来可能是一样的，但这只是豆表温度曲线，若是投豆时豆心温度不同，两条豆表温度相同的烘先达曲线仍然不会产出风味相同的咖啡。

对于大型烘豆厂而言，保持恒定的周边温度可能不切实际，但仍然值得花些工夫，以避免温度的大幅波动。我建议至少不应让烘豆机的周边温度低于 16 摄氏度或高于 27 摄氏度。若有必要，可以将烘豆机移至较小的空间，会比大型仓房容易控制温度。

烘豆机预热

因为每天烘焙的第一批次总是难以预测与管理，许多烘豆师似乎都已经放弃尝试操纵调整，大多以低咖啡因咖啡或是其他不重要的咖啡作为第一批次并散漫地烘焙。虽然以不太重要的咖啡作为当天的第一批次烘焙是明智的决定，但仍应该尽力调整该批次的执行。简单地说，第一批次烘得越好，调整下一批次的烘焙就越容易，以此类推。

替所有的烘豆机订立一个一体适用的详细暖机程序或是批次间程序虽然不可能，但是我于右框中提供了一个有效的暖机程序，可作为尝试的起点。

请试一试这个程序并根据需要修改。若预热程序有效，那么当天第一批次的烘焙将会与其后批次相同咖啡的烘焙表现接近一致。若预热得不够久或是不够热，那么第一个批次的烘焙曲线一开始会很缓慢，并且会有较低的**反转点**（turning point）。反之，若预热太久或太热，则第一批次的烘焙会从一开始就比一般的快且反转点较高。

> **烘豆机预热建议程序**
>
> 1. 以中至高燃气设定将豆温升高至投豆温度加 20 摄氏度。
> 2. 让烘豆机在豆温温度维持在投豆温度加 20 摄氏度下空转 25 ~ 30 分钟（若是寒冷天气则增加 10 ~ 20 分钟）。
> 3. 降低燃气设定，让豆温于 5 ~ 10 分钟内降至投豆温度加 5 摄氏度。
> 4. 执行批次间程序。
> 5. 投豆开始烘焙。

以下是设计预热程序的建议：

· 绝大部分预热程序的预热温度都会比投豆温度高。若预热仅达到而非高于投豆温度，那么要花费很长的时间才能将烘豆机的**系统热能**（thermal energy）提升至目标平衡点。

· 在投入第一批次的生豆前，请考虑执行批次间程序，如同刚结束前一批次烘焙一样。这也需要视预热的充分程度决定是否修改批次间程序，比如可能将触底温度从原本的投豆温度减 10 摄氏度提高到减 5 摄氏度。

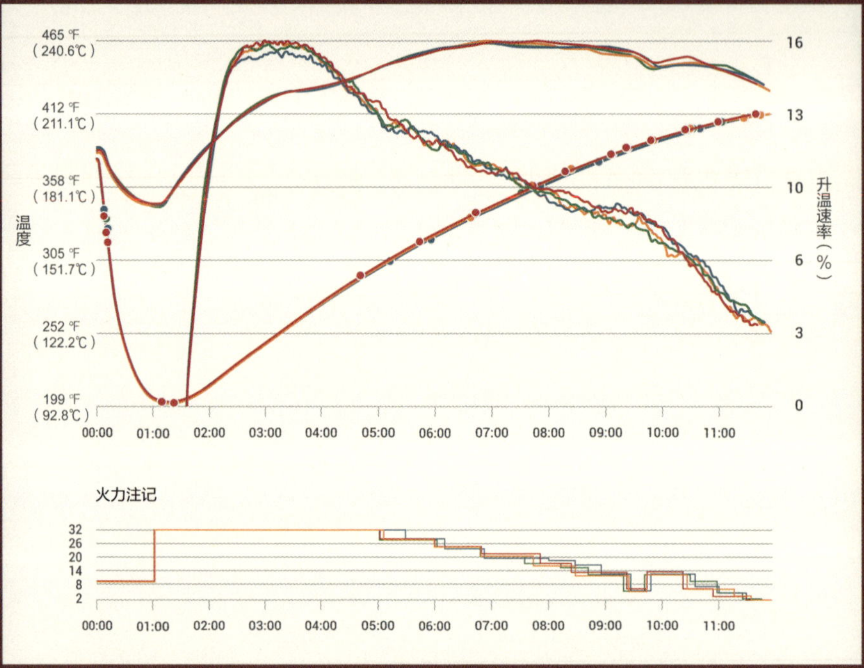

图 5-1 每天调整你的预热程序，直至每天最初几批次的烘焙曲线可以重合，或是至少尽量彼此接近

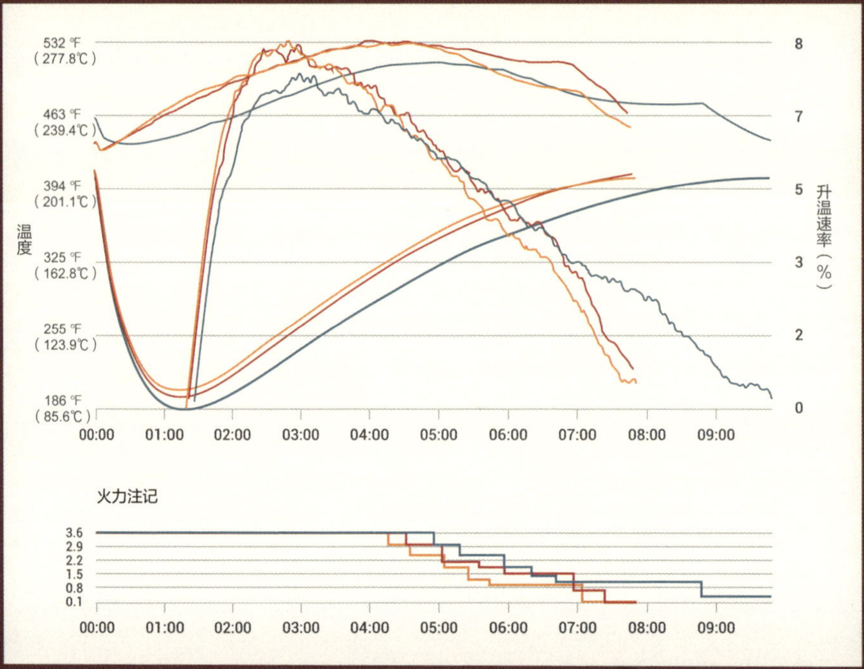

图 5-2 这三个批次的烘焙因烘豆机在第一批次烘焙（蓝色曲线）前预热不充分，导致烘焙速度相当不一致

冬季烘焙厂温度管理

对于在夜间温度会低于冰点的地区烘焙咖啡的读者来说，修改烟囱设计既可减少暖房费用，也可增进烘焙稳定度，会是项很划算的投资。几年前在科罗拉多州，我大清早起床与我的新客户烘焙。而前一晚是当年最冷的一晚。当我们到达咖啡馆要烘焙时，室温是舒适的20摄氏度，但烘豆机内部接近0度。我们比平常多预热了45分钟，而第一批次的烘焙仍然不如我们的预期。

自从那天，我便开始思考如何修改烘焙排气烟囱，以避免夜晚的低温影响烘焙与预热。我的客户们采取两套不同方案：其一是装设防漏滑动阀门，于夜间关闭，以防止外部空气进入烘豆机；其二是烟囱某一段采取可拆卸式，不使用时就将该段拆卸并加盖。这两种方式对位于寒冷区域的烘豆厂都是很划算的投资，室外寒冷的空气不仅会增加暖气的费用，也会延长烘豆机预热的时间，并增加预热的能量需求。

建议批次间程序

批次间程序一（较常用）
· 将火力设定为零，卸豆停止烘焙，关闭卸豆阀门。
· 让烘豆机豆温在零火力或低火力下沉降至默认的触底温度（可能比投豆温度再低20摄氏度）。温度沉降应历时2.5～4分钟。
· 于触底温度以低至中火力于1.5分钟内将豆温提升至投豆温度。
· 一旦达到投豆温度即投入生豆开始烘焙。

批次间程序二（较少用）
· 将火力设定为零，卸豆停止烘焙，关闭卸豆阀门。
· 以低至中火力将豆温提升至高于投豆温度10摄氏度。
· 将火力设定为零或极低，使豆温读值于1.5～2.5分钟内沉降至投豆温度。
· 一旦达到投豆温度即投入生豆开始烘焙。

批次间程序

采用批次间程序的目的是将烘豆机的热能状态于批次间重设回初始状态。采用有效的批次间程序可以使用相同火力设定连续无数批次烘焙，并仍能近乎完美地复制烘焙曲线与杯测（cupping）结果。以我的经验而言，绝大多数烘豆师在一天的烘焙历程中都有越烘越快的经历，这意味着其实需要改善其采用的批次间程序。

几乎所有的烘豆师都应该使用批次间程序一，但有些少见机型的使用者使用程序二更好。例如大型的烘豆机蓄热能力太好，所以无法在6分钟内让豆温下降20摄氏度。无法在批次间将火力设定为零的机型亦应使用程序二。

掌控再现性

一旦烘豆师完成了烘豆机预热程序及批次间程序的微调，其烘焙批次的豆温曲线在图表上就会完美地彼此重合。图 5-3 来自我的一位客户，可作为一个典型的例子，是连续 15 个批次呈现优异再现性的烘焙。

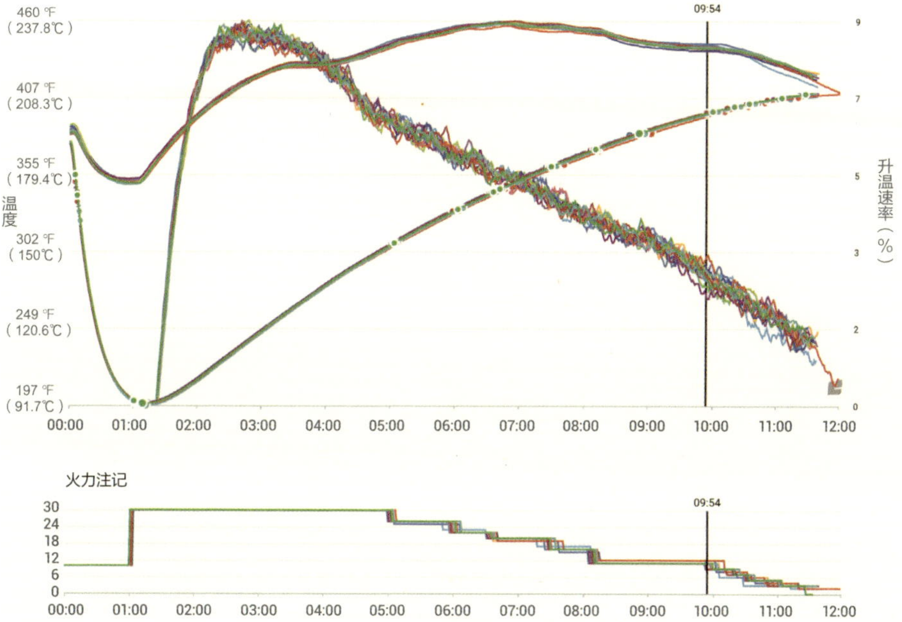

图 5-3 图中显示出连续 15 批次烘焙的曲线。我可以很骄傲地说，这位客户每天都能达到如此的烘焙再现性

烘焙日程的规划

若要以最简单的方式达到烘焙再现性，就应选择单一烘焙量，并且使每一批次的烘焙度都一致。然而商业实务上经常需要采取不同批次的烘焙量，并且要达到不同的烘焙度。若是可能的话，我强烈建议烘豆师避免烘焙两种以上不同的烘焙量，因为光烘好一种烘焙量就已经够难的了！如果一定要烘焙多种咖啡、不同烘焙量还有不同烘焙度的话，请依照下列优先顺序规划烘焙日程：

· 最不重要的咖啡先烘。

· 烘焙量小的先烘，大的后烘。

· 烘焙度浅的先烘，深的后烘。

· 在一整段烘焙排程中，避免操作超过两种不同批次量的烘焙。

要在两种烘焙量间转换时，烘豆师应执行特殊的批次间程序，以重设烘豆机的热能状态。当自小批次量转而烘焙大批次量时，批次间程序应包括在高于投豆温度状况下空转数分钟这一步，然后再执行标准批次间程序。而当从大烘焙量转为小烘焙量时，应先将豆温降至远低于正常的触底温度，然后再加热至投豆温度。精通这些特殊的批次间程序，可能是咖啡烘焙中最困难的任务。

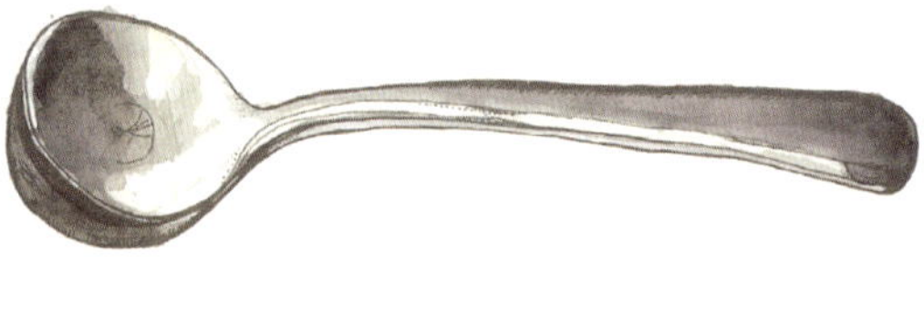

第六章

设定合理的参数

Setting Reasonable Parameters

· 6 ·

这可能会让你感到惊讶，但若是烘焙时间、空气流量、滚筒转速、还有许多其他的变因都设定在合理范围内的话，要尝出来这些变因造成的差异是非常困难的。当然，若是连烘两个批次，而在第二批次只改变一个变因的话，一定可以尝得出这两个批次的差异。但这样尝出的差异未必是该变因直接造成的影响，反而比较可能是该变因影响了豆温曲线或是 ROR 曲线造成的。

上段文字中的关键词是“合理”。不合理的数值，比如 6 分钟烘焙完一批次，12 千克烘焙量的烘豆机的滚筒转速为 35r/min，或是空气流量太小不足以移除烟雾与银皮，都会产出可被鉴别的烘焙瑕疵。这样的三种烘焙操作错误依序会产出发展不足、有烘焙味［可能还会有焙烤（baked）风味］以及有烟熏味的咖啡。经过训练的味蕾有可能猜出来这些烘焙哪里出了问题。

烘焙是复杂的，改变任何一项变因总是会引发连锁反应，进而改变其他变因。这让以科学方式测试单一变因对咖啡品质造成的效应并做出合理调整成了几乎不可能的任务。更有效率的烘焙试验的执行方式是，在烘焙上千批次之后，分析什么样的参数最易成就成功的烘焙，或是最常造成特定类型的瑕疵。可以将这样的做法看成是受大数据启发的烘焙试验版本。这样的方式需要烘焙成百上千的批次之后，才能形成对于烘焙参数与风味之间相关性的谨慎自信，没有其他捷径可走。

以下数章包含了我烘焙 20 年来的见解与受到大数据启发的分析结

论。我会提供烘焙参数的合理范围或是最佳方式，好将烘焙成功的可能性最大化。如何将这些最佳实务参数运用于自身的烘豆机与咖啡豆则取决于读者。

烘焙量

如同我在《咖啡烘焙：烘豆基础手册》一书中讨论的，一台烘豆机的最佳烘焙量几乎总是低于该机型的宣称烘焙量。少有典型 12 千克烘

> 要达到最佳烘焙的效果，每磅[1]生豆每小时需要燃烧器额定输出大约5000BTU[2]的能量（每千克生豆每小时需要燃烧器输出大约11 600千焦的能量）。

焙量的烘豆机能够完成多于8～9千克的烘焙而又不减损烘焙品质。许多年前，我设计了一道公式，其结果对我使用过的数以百计的烘豆机都成效良好：

若是有台烘豆机燃烧器的额定输出是每小时100 000BTU（105 500千焦/小时），那么每批次的最大烘焙量不应超过20磅（9千克）。请注意，这里指称的20磅是最大烘焙量，而非最佳烘焙量。通常烘焙量少于20磅时批次风味较好，而超过20磅的批次品质会明显较差。

许多烘豆机的销售业务人员对于这些事实会有所争议，他们总是说其贩售的烘豆机能够以满载烘焙量烘焙。虽然这真的可行，但会降低咖啡的品质。销售人员有动机偏袒自己销售的烘豆机并夸大烘豆机的能力，这类行为应已无法令读者感到惊讶了。所以请忽略宣称的可烘焙量，而询问燃烧器的额定热量输出，这会是估计烘豆机真实烘焙量的更好方法。我也建议多咨询同一机型的用户，以找到平均的批次烘焙量、批次烘焙时间与每小时烘焙的批次数。

投豆温度

相比投豆之前的批次间程序，投豆温度没有那么重要，比如说，在227摄氏度空转5分钟，再于210摄氏度投入生豆，烘豆机所含有的热能会远远高于在相同投豆温度投入生豆且在177摄氏度下空转5分钟的

---

① 1磅约等于0.4536千克。——编者注

② BTU全称为British Thermal Unit，英国热量单位，1BTU就是将1磅水的温度升高1华氏度所需要的热量。1BTU约等于1.055千焦。——编者注

热能状态。但是，尽管如此，终究还是要选择一个投豆温度的，假设使用的批次间程序是我于第五章推荐的，我会建议如表 6-1 的合理投豆温度范围。请对这些建议保持开放的态度，毕竟这些建议范围无法涵盖所有可能的变因，比如烘焙量、烘豆机输出能量及滚筒设计等。这些仅是提供调整的起点而已。

表 6-1 建议投豆温度

烘豆机烘焙量（千克）	投豆温度［摄氏度（华氏度）］
0.5 ~ 1	175 ~ 190（350 ~ 380）
6	185 ~ 200（360 ~ 390）
12 ~ 20	195 ~ 210（380 ~ 410）
30	200 ~ 215（390 ~ 420）

烘焙时间

理想的烘焙时间主要根据烘豆机的烘焙量，以及批次烘焙量与燃烧器输出的比值而定。大部分职业烘豆师凭直觉知道，当他们杯测到一个由**样本烘豆机（sample roaster）**烘焙、时间为 7 分钟的优异样本时，他们是不会在满载的量产烘豆机上尝试也以 7 分钟完成烘焙的。

若是一台 12 千克烘焙量的烘豆机燃烧器每小时的最大输出热量为 100 000 BTU（105 500 千焦），那么在 9 千克的满载烘焙量下，我将设定烘焙时间目标为 12 ~ 13 分钟。而若是在半载（根据燃烧器的产能热力计算）状况下，我会以 4.5 千克烘焙量在 8 ~ 10 分钟内完成烘焙为目标。

这些建议仅是粗略的估算，最理想的烘焙时间仍应依机型、咖啡豆类型及其他因素而有所不同。例如滚筒式烘豆机的最佳烘焙时间应较短，才不太会产生导热传热导致的焦斑。

烘焙时间对风味的效果常常难以理解。一方面，许多人都能尝出生产批次烘得太快的味道；但另一方面，一个特定的烘焙时间却没有显著对应的特定风味。例如，样本烘豆机用 6 分钟浅烘焙 100 克的咖啡可能尝起来十分美味并发展完全，但 Probat P 12 烘豆机同样以 6 分钟烘焙相同的 10 千克咖啡，则几乎可以确定尝起来会发展不足且可能产生焦斑，所以无法归纳出所谓 6 分钟烘焙的风味是什么。

对于只是想要结论的读者而言，若是烘焙量在最大容量的 50% ~ 70% 的话，大部分烘焙的烘焙时间都应以 10 ~ 12 分钟为目标范围。若是需要使用 100% 的火力数分钟才能让烘焙时间在 12 分钟以内的话，则应考虑降低批次烘焙量。

第七章

解读烘焙曲线

Reading Roast Curves

·7·

在烘焙过程中，豆温探针与豆堆接触而描绘出豆温曲线。豆温探针的读值约为咖啡豆堆中局部豆表的温度，但也会受到咖啡豆表面空气温度的影响。豆温探针自身的质量会造成**测温延迟**（thermal lag），让豆温数据变得不太准确，尤其在烘焙的前几分钟豆温快速变化时更加明显。空气温度与探针测温延迟的总和效应影响着豆温探针读值反映豆堆豆表温度的准确程度。

典型的豆温曲线从投入时的高温开始骤降至反转点，然后先是快速上升，但于其后逐渐变慢。在反转点之前的温度下降无法准确反映出实际豆温，这是测温延迟造成的人为误差。若是投豆时生豆温度为21摄氏度（70华氏度），真正准确的豆温读值应该一开始显示为21摄氏度，并自此快速地上升。

ROR曲线是豆温曲线的**导数**（derivative），也就是单位时间内豆温的变化率。ROR曲线的斜率和形状与豆温探针的反应速率有关，此外也与一些烘焙参数（比如烘焙量、火力设定与投豆温度）有关。ROR曲线的斜率和形状提供了了解烘焙如何影响杯中品质的关键信息。

未管理烘焙

图 7-1 所示的烘焙曲线呈现出不良烘焙的许多特征，包括一爆前 ROR 上升（rise，或称隆起）、一爆之后 ROR 骤降、ROR 骤降之后的弹升（flick）。我将这些烘焙称为“未管理烘焙”，因为这些烘焙曲线展现了典型的早期调控能力较差的烘豆机（仅有两到三段火力调整）的烘焙，以及在没有使用烘焙数据记录软件状况下进行烘焙管理的样貌。达成平滑 ROR 曲线的烘焙是需要技巧的，若是消极地管理或是被动地回应烘焙现象，自然会常常见到如图 7-1 所示的烘焙曲线。

如果 ROR 于接近一爆刚发生时上升或曲线形成隆起，则可能造成杯中有烘焙味（roasty）。若在一爆开始时（偶尔会稍晚于一爆开始时）ROR 发生骤降，则可能造成咖啡尝起来有焙烤风味。而若是在烘焙末期发生 ROR 的翻转向上（或称为弹升），则也会造成咖啡带有烘焙味。

焙烤的烘焙

在烘豆师采用了烘焙数据记录软件并装设了较佳的温度探针之后，烘焙曲线会变得更加平顺与一致。未管理烘焙类型的烘焙曲线可能是过往数十年来的主流。但自从我出版了《咖啡烘焙：烘豆基础手册》一书后，专注于使 ROR 曲线平顺下降的烘豆师在不断增加。

ROR 骤降可能是最为常见也最难以避免的烘焙瑕疵。ROR 骤降指的是通常发生于一爆初期、ROR 曲线以接近垂直的角度向下的现象。没人能以特定 ROR 曲线的角度或是斜率来界定 ROR 骤降与否，因为温度探针的反应速率及记录软件的噪讯消除修匀功能都会影响 ROR 曲线的形状。对于一个特定的豆温探针，其 ROR 曲线转折向下的角度（或称为骤降度）及骤降的时机决定了该烘焙批次的咖啡出现焙烤风味的程度。

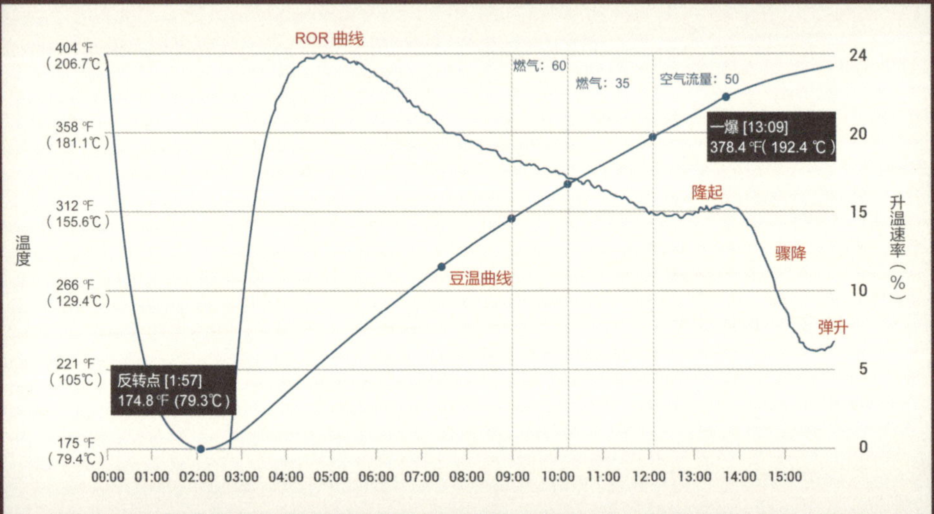
ROR 曲线
404 ℉ (206.7℃)
358 ℉ (181.1℃)
312 ℉ (155.6℃)
266 ℉ (129.4℃)
221 ℉ (105℃)
175 ℉ (79.4℃)
温度
燃气：60
燃气：35
空气流量：50
一爆 [13:09]
378.4 ℉(192.4 ℃)
隆起
骤降
弹升
豆温曲线
反转点 [1:57]
174.8 ℉ (79.3℃)
24
20
15
10
5
0
升温速率（%）
00:00 01:00 02:00 03:00 04:00 05:00 06:00 07:00 08:00 09:00 10:00 11:00 12:00 13:00 14:00 15:00
图 7-1 未管理烘焙曲线

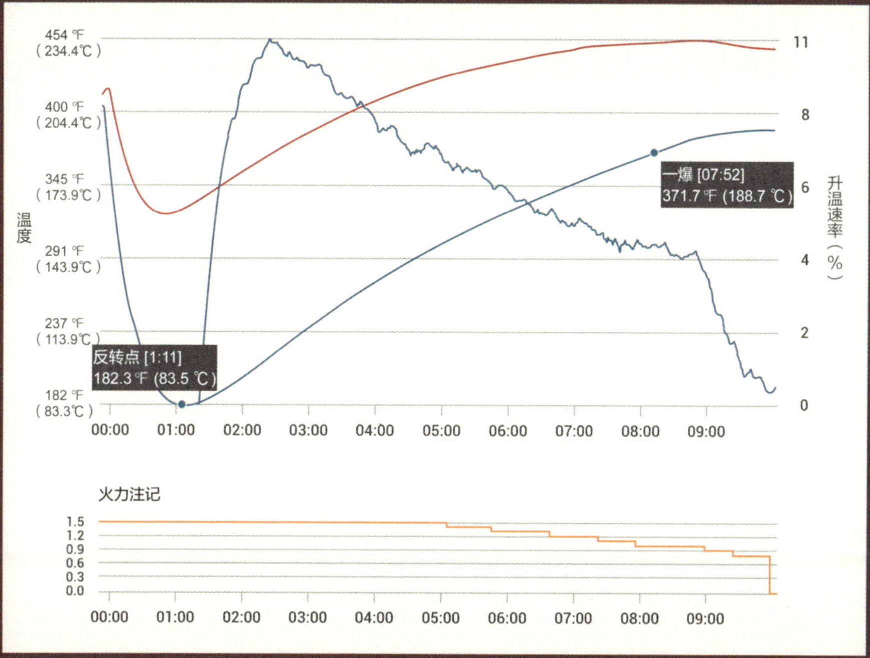

图 7-2 这批次的烘焙焙烤现象很明显

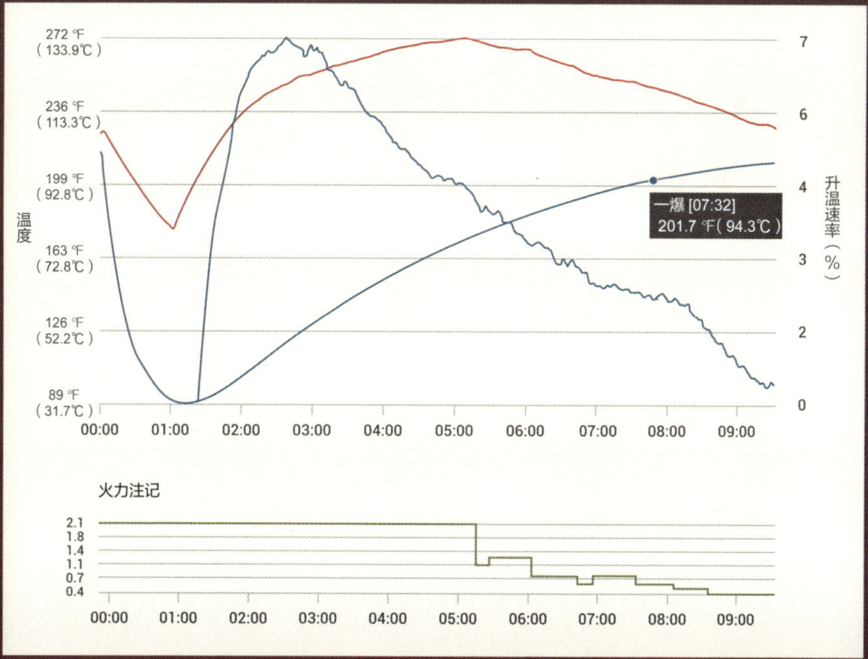

图 7-3 此烘焙焙烤现象较缓和

具有焙烤风味的批次减少了甜味与水果的酸质，还会以呆板空洞、令人联想到麦秆与卡纸的风味取代咖啡原本的特征。我猜想在烘焙数据记录软件普遍使用之前，几乎所有的烘焙曲线可能都类似于未管理烘焙的曲线形式，也就是尝起来都有焙烤风味，同时有烘焙味。近年由于烘焙软件以及更好的温度探针的使用，烘豆师与消费者逐渐更加欣然地接受这些烘焙较浅、甜味较重并且没什么焙烤风味的咖啡。我仍碰到少数专家不认同 ROR 骤降会造成焙烤风味并降低甜感，但如此不认同的人逐年减少。

关于 ROR 骤降造成焙烤风味的规律，一个可能的例外是我称为“北欧例外”的现象。许多来自北欧国家的烘豆师喜欢烘得又浅又快，即 ROR 曲线会较高也较平缓，并且在结束烘焙之前会有轻微的 ROR 骤降现象。若是 ROR 骤降的时机够晚或是骤降程度较和缓，如同有时在“北欧例外”中的烘焙一般，那么虽然从曲线上看会出现一定的焙烤风味，但并不会在品尝时感受到。我推想，很晚才发生的 ROR 骤降并没有让咖啡产生足够的焙烤风味，因为并没有足够的时间让咖啡豆改变更深层的烘焙发展。

ROR 的弹升

弹升指的是烘焙结束前 ROR 的上升，通常是接续于 ROR 骤降之后发生，但也可以没有先骤降就出现弹升现象。与一般认知不同的是，就算在火力设定很低或关闭火力的情况下，ROR 弹升仍可能发生。此现象会给该批次增添烘焙味，而且弹升越大，对应的风味越强。请记得在评估弹升的程度时，永远要考虑温度探针的反应速率及记录软件的设定。若探针反应慢且曲线平滑，弹升可能会看起来较小，甚至看起来不像是弹升。避免 ROR 弹升的最佳方法请参见第十章中如何在一爆后管理火力设定的建议。

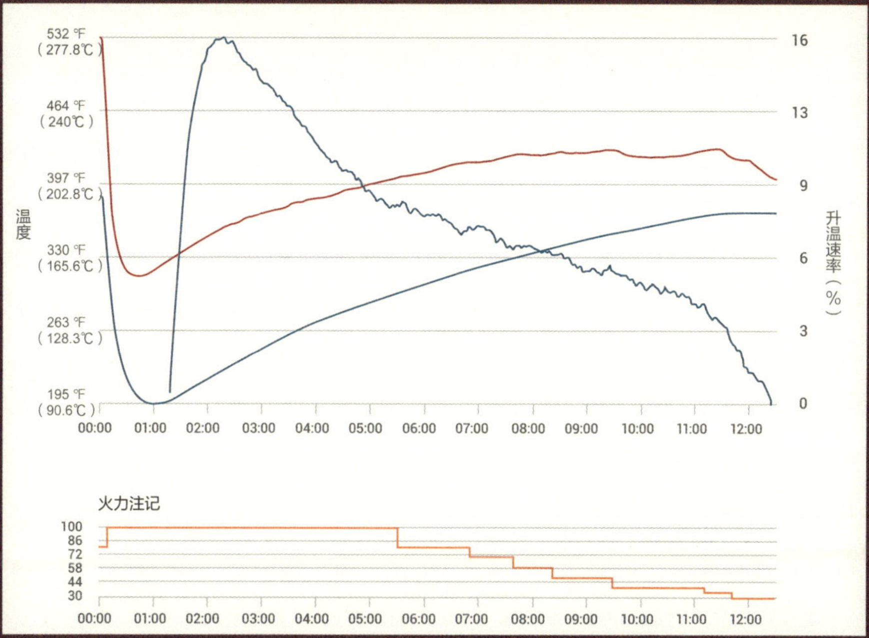

图 7-4　延迟发生的弱骤降使人难以预测品尝此批次烘焙时的焙烤风味程度

图 7-5　就算在豆色尚浅时停止烘焙，该批次的咖啡仍会尝起来带有烘焙味。请注意，虽然火力设定已经非常低，但仍有弹升现象发生

平顺下降的 ROR

我所尝过的最佳烘焙永远有着平顺下降的 ROR 曲线，这样的曲线的优势在过去多有争议，但随着时间推移变得越来越少。我的经验是，绝大部分的烘豆师在学习过如何熟练地复制这样的曲线后，几乎都转换为平顺 ROR 的烘焙方式。这需要烘豆师以平顺下降的 ROR 曲线烘焙并品尝上百个批次，之后才得以积累足够的经验来评断这种烘焙方式的优点。

几乎所有与我一起工作的客户都对平顺下降的 ROR 带来的效益深信不疑。有些人非常快地爱上了这种做法，其他人则在数月之后转而坚信这种做法。

我曾尝过 ROR 曲线并非平顺下降却令人愉悦的咖啡，但这些咖啡总是来自特别的生豆，有尽管烘焙欠佳却仍然美味的特点。而且在那些我有机会影响相同咖啡其后烘焙批次的案例中，最美味的总是那些 ROR 斜率最平顺的批次。值得谨记的是，若是一种咖啡尝起来很棒，不代表它就没有机会变得更好。

虽然 ROR 平顺下降的烘焙可能是一流烘焙的先决条件，但它并不是成功烘焙的保证。没有人仅凭观察豆温与 ROR 曲线就能辨别该批次是否具有充分的烘焙发展。烘焙曲线的数据仅反映出豆表温度的测量值而已，这并不足以告诉我们豆心温度及发展程度如何。例如从图 7-6 中的烘焙可以看出并无焙烤现象，看起来也不像过度烘焙，但我们无从得知是否有充足的发展。到目前为止，没有一种明确的方式能够从豆温数据推断是否有发展不足的现象。

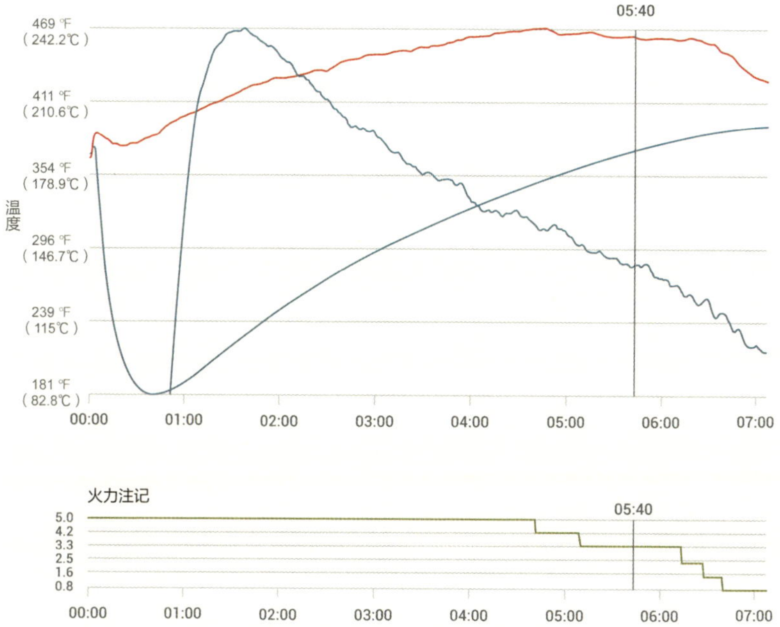

图 7-6 图中曲线看上去相当正确，但此曲线无法告知我们烘焙发展的程度

发展时间比例：它意味着什么与不意味着什么

在《咖啡烘焙：烘豆基础手册》一书中，我简述了关于发展时间与总烘焙时间比例关系的原始想法。在书出版之前，烘豆师在讨论发展时间时，一般不会参考总烘焙时间。若是只知道发展时间（比如说 1 分 30 秒）是没有意义的。从发展时间比例（DTR）的角度来思考，可以更好地了解烘焙是否平衡。豆温曲线（或更实务地说，ROR 曲线）的形状与比例和在烘焙各阶段的烘焙时间相较，前者对于风味与发展会是较佳的预测指标。

在《咖啡烘焙：烘豆基础手册》一书中我建议的 DTR 范围是 20% ~ 25%。

这个建议在过去数年间引发了大量的讨论。有些评论者认为该书是为了所有烘豆师而写，并非为了那仅占 1% 喜欢极浅北欧风格烘焙的烘豆师而写。虽然我完全不反对这样的浅烘焙，并且喜欢这种风格，但这 20% ~ 25% 的建议已让广大主要读者受惠。这些读者在阅读该书之前从未想过 DTR 的概念，也未曾尝试过以平顺的 ROR 烘焙。他们需要一些合理且明确的烘焙曲线目标。对世界上大多数烘豆师而言，实现稳定下降的 ROR 并且 DTR 在 20% ~ 25% 之间的烘焙是革命性的，提高了他们的平均烘焙品质。

我建议烘豆师将 DTR 作为烘焙是否平衡的指标并仅止于此。请不要仅将 DTR 作为停止烘焙的指标，事实上，咖啡豆色是烘焙足够与否更好的指标。若是烘焙时还未达到你想要的豆色，但已达到 25% 的 DTR，请不用担心，持续烘焙至想要的豆色或温度再停止烘焙。若是在一爆中期停止烘焙，但 DTR 已超过 25%，或是在二爆时停止烘焙，但 DTR 仍接近 20%，那么烘豆师需要考虑重新调配平衡热量的供应。但不需要在当下对不合适的 DTR 反应过度，仅需在想要的豆色下停止烘焙，晚点儿再来分析是什么地方出了问题。

第八章

豆温探针的反应速度与位置如何影响曲线

How Probe Speed and Location Influence Curves

· 8 ·

艺术还是科学

我常从烘豆师那里听见一再重复的说法，像是我的咖啡尝起来很棒，而且顾客们很喜欢，所以为什么我需要关心记录软件与曲线？这个论点看起来很有说服力，但其实不是这样的。除了“我们永远应该致力于改

进咖啡并成为业界专家”这样显而易见的论点，我们不应相信烘豆师对于自己咖啡的（有偏见的）观点。若是不了解且无法精通判读烘焙曲线的技巧，便无法掌握烘焙这门技艺。若是对此存有不同看法，请想想精品咖啡烘焙的品质在烘焙数据记录软件普及之前的数十年间一直停滞不前，却在普及之后快速改善的现象。

在使用烘焙记录软件之前，大部分烘豆师都满足于用烘焙记录表来记录烘焙过程中的火力设定、烘焙时间、停止烘焙豆温，以及也许会记录一爆开始的时间。同现今的烘豆师一样，那时候的烘豆师也非常看重烘焙品质与稳定一致性，但在开始使用烘焙数据记录软件之后，这些过往的结果及记录表格就突然间显得很不稳定，而且像是业余的了。

烘焙数据的探勘分析及与杯测结果的比较，是最有效率且最有成效的学习与改进的方法。沉迷于烘焙数据的烘豆师能以惊人的速度提高他们的手艺，与未曾使用烘焙记录软件的烘豆师所能达到的最快提高速度相比，前者要快上许多。

数据的判读

要精通烘焙数据的判读是相当困难的。在尝试判读烘焙数据之前，了解温度探针的反应速度与软件设定如何影响数据的准确性与曲线形状是非常重要的。温度探针具有质量，这会因为测温延迟而减慢读数并使曲线平顺。烘焙记录软件，比如烘先达与 Artisan，以测温延迟的读数来创建 ROR 曲线，并且将一段时间间距（通常是 15 秒）内的温度读数加以平均，进一步修匀了数据。也就是说，构成豆温曲线及 ROR 曲线上的每一个数据点其实不是即时的，而是即时数据经过延迟并修匀后的结果。当我们烘焙时，我们所看到的数据永远是来自过去的。

最佳温度探针尺寸

一般而言，温度探针越细越轻，反应速度越快，且延迟较少，但会产生更多噪讯。我建议使用**未接地**（ungrounded）的 J 型或 K 型热电偶或是电阻温度检测器，且以直径 3 毫米的为佳。直径更细的温度探针仍可使用，但大部分烘豆师会发现直径 3 毫米的温度探针可在准确度与噪讯之间取得良好平衡。

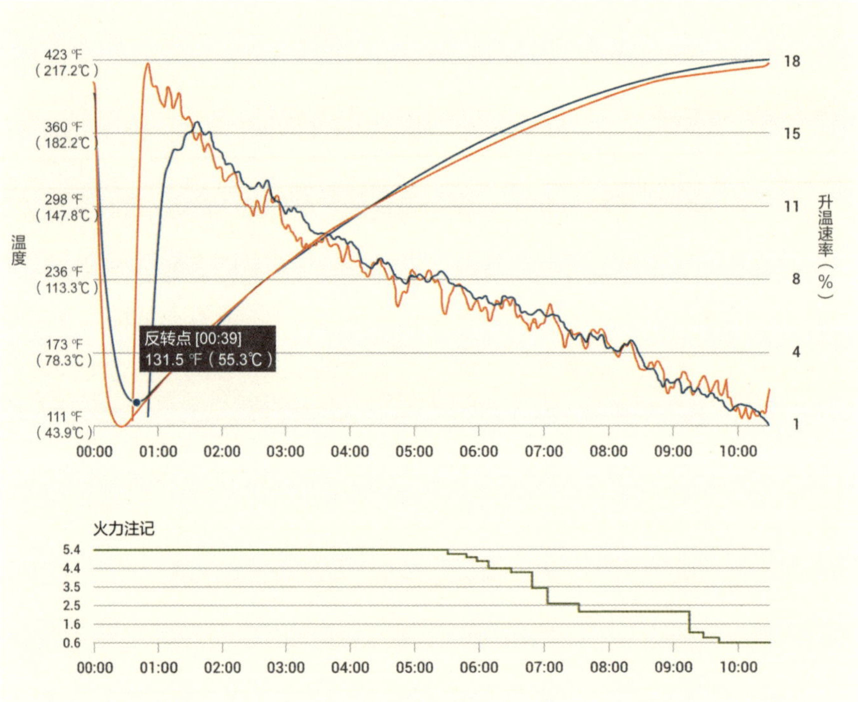

图 8-1 此批次的 ROR 曲线由两根较细的热电偶读值绘制，黄色曲线由直径 1 毫米的探针读值绘制，蓝色曲线由直径 3 毫米的探针读值绘制。在此例子中，1 毫米探针产生较多噪讯，而 3 毫米探针的 ROR 曲线较易判读。并不是所有的 1 毫米探针都有如此多的噪讯，但我以此为例说明过度的噪讯与可接受的噪讯的差别

探针反应速度与 ROR 曲线形状

当我提到“平顺下降的 ROR 曲线”时，我指的是 ROR 以相对恒定的斜率下降，但并非一定呈一条直线。没有能适用于所有烘豆机与生豆的最佳通用下降斜率，因为豆温探针的反应速率影响了 ROR 的形状与下降斜率。反应较慢的探针会产生如驼峰隆起的 ROR 曲线，而反应非常快的探针则会产出直线带有下沉曲线的 ROR。图 8-2、图 8-3 和图 8-4 描绘出不同反应速度的豆温探针对 ROR 曲线形状及噪讯产生的影响。

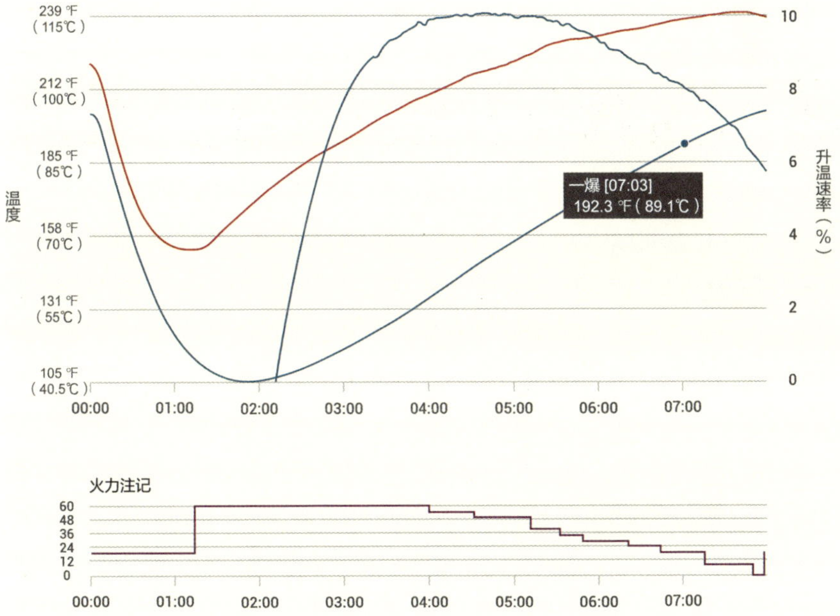

图 8-2 请注意，使用反应慢的温度探针会造成 ROR 曲线在烘焙过程中呈现弧形

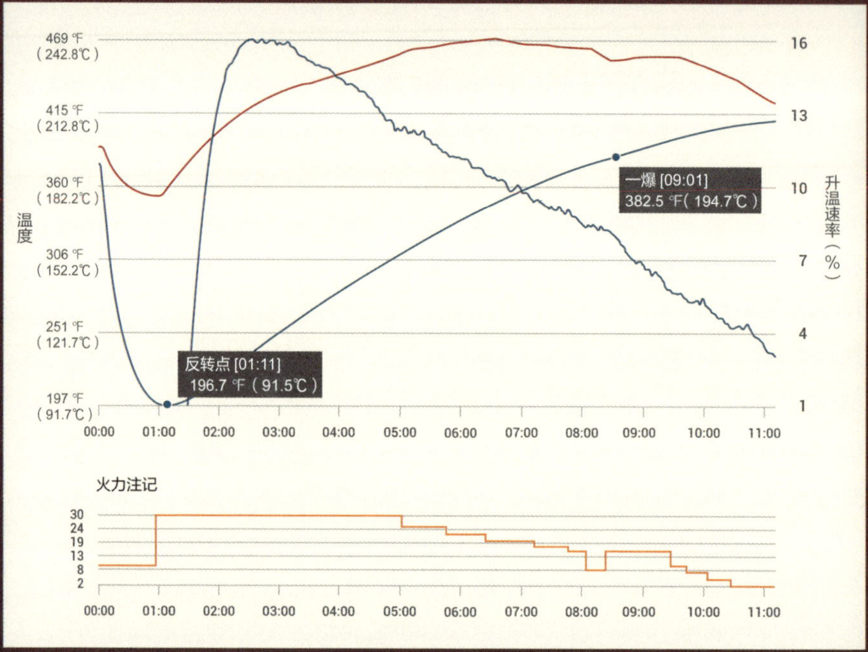

图 8-3 直径 3 毫米的豆温探针的 ROR 曲线近乎直线

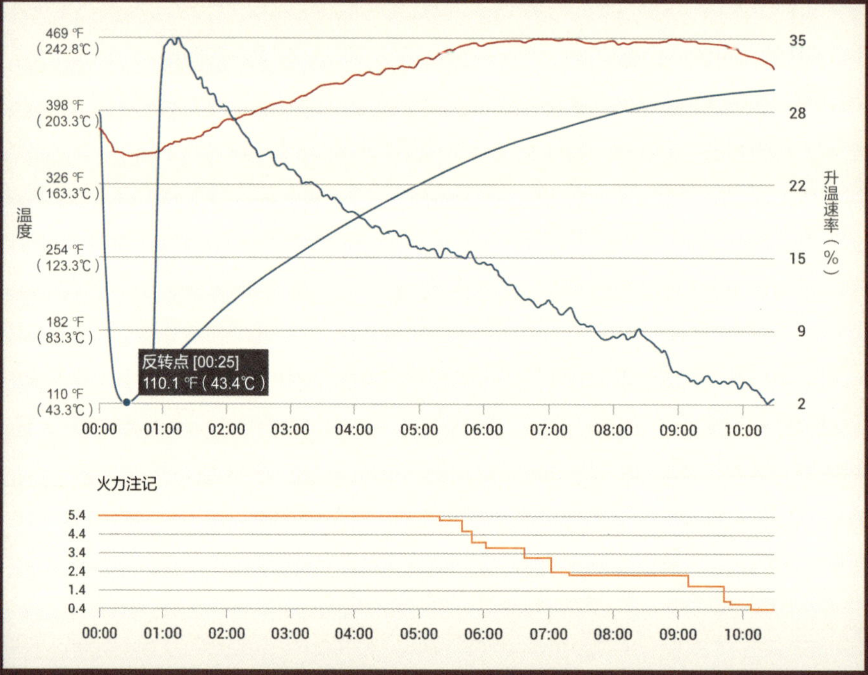

图 8-4 直径 1 毫米的豆温探针的 ROR 曲线会呈现略微下凹的曲线

此节最重要的要点是，在评估烘焙曲线时一定要考虑温度探针的反应速度造成的影响。估算豆温探针的相对反应速度的最简便方式，就是观察豆温曲线的反转点出现的时机，若是其他方面都相同，越早出现反转，则反应速度越快。

趋势还是事件

在分析 ROR 曲线时，有时我对数据中的趋势感兴趣，有时我对重要时刻的事件感兴趣。关于趋势的例子可能是 ROR 曲线在一爆前有一段长而平坦延伸的区域，而关于事件的例子则可能是 ROR 曲线停止骤降、开始弹升的时刻。

要清楚地看出趋势，通常最好的办法是增加烘先达软件中的“ROR 间隔时间”（ROR interval）或 Artisan 软件中的“计算时距”（delta span），以增加特定的时间参数来修匀曲线并减少噪讯。在图 8-5 中，ROR 间隔时间为 30 秒，很容易看出趋势，比如 6 分钟和 7 分钟之间变为水平的 ROR，或是在 7 分 30 秒左右时 ROR 的小隆起及随之发生的骤降。

为了矫正 ROR 隆起与骤降的现象，我建议使用一种叫作“火力暂沉法”（gas dip，参见第十一章）的方法。想要将火力暂沉法执行成功，必须要精确地知道什么时候会发生骤降（事件）。为了将骤降的时机看得更清楚，如图 8-6 所示，我将 ROR 间隔时间调整成 10 秒（烘先达所能调整的最短间距）。虽然这样做会产生很多噪讯，但是这可以观察到骤降的发生时间自 7 分 38 秒移至 7 分 27 秒。这 11 秒的差距会是成功执行火力暂沉法的关键。

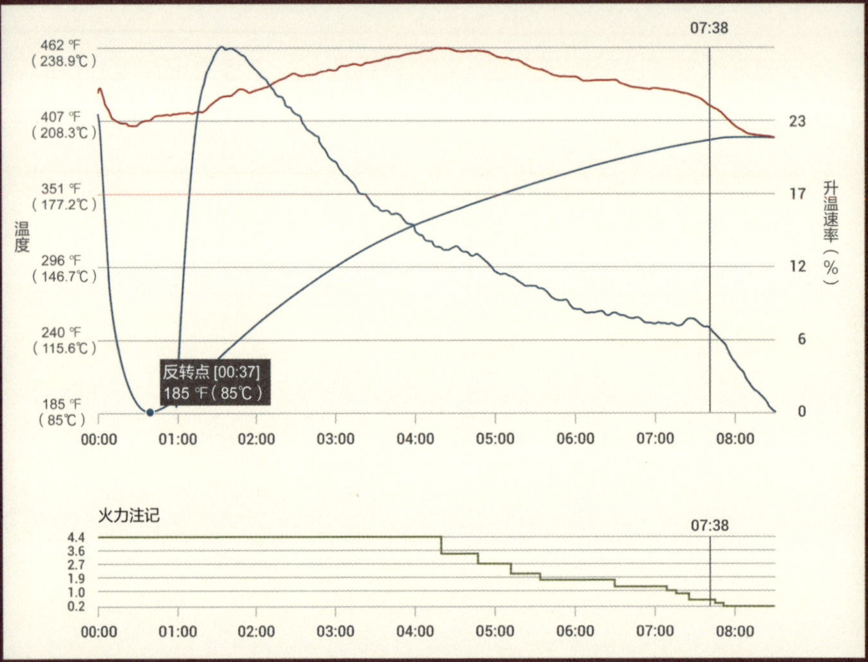

图 8-5 ROR 间隔时间为 30 秒的曲线图

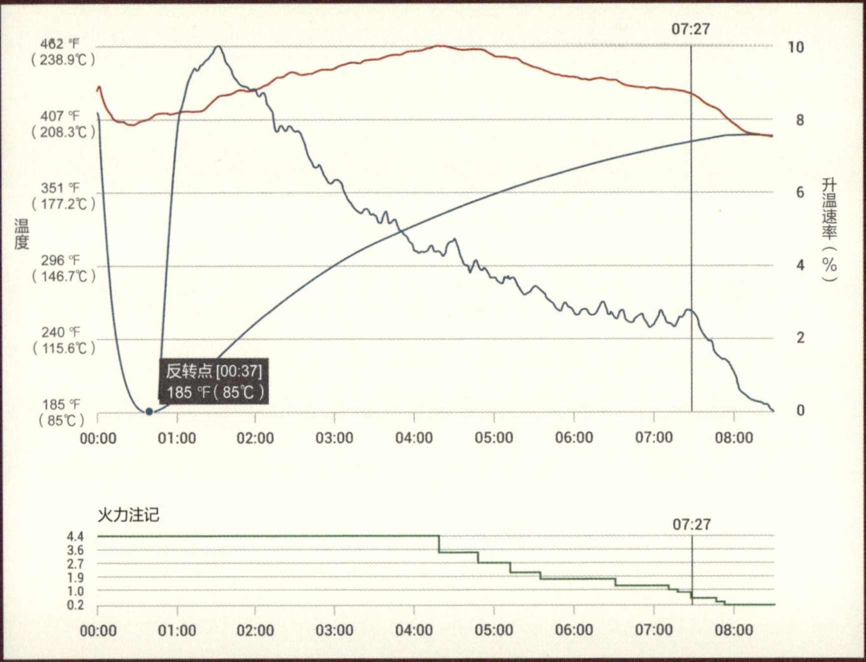

图 8-6 将 ROR 间隔时间调整成 10 秒的曲线图

第九章

空气流量管理

Airflow Management

9

阻风门还是变频风扇

烘豆机通常有两种空气流量的控制机制：可调式**阻风门**（damper）与变频风扇。阻风门式的控制相当粗略，仅能在较窄的范围间影响空气流量。仅有阻风门的烘豆机最好的使用方式通常是设定后就不再调整，因为这种机制过于粗略和不精确（还可能太烫！），在烘焙过程中难以稳定、精确地调整空气流量。若要找到设定阻风门的位置，请用在第四章中提到的打火机测试法进行几次测试烘焙，并依结果做少许调整，其后数周就固定此设定不做更动。

相较于阻风门，变频风扇提供了更精准、更佳的再现性以及较广空气流量的调整范围。以下的所有建议都是在使用变频风扇的前提下提出。

无须调整空气流量

我们都曾尝过来自老 Probat UG 烘豆机的绝佳烘焙，但此机型提供的空气流量调整范围非常小。使用这些机型及其他烘豆机的经验都证明，若要生产一流的咖啡，在烘焙中是无须调整空气流量的。

Probat P12 烘豆机的阻风门

滚筒式烘豆机的一或多次调整

我建议所有的空气流量调整都应早于一爆开始之前 2 分钟。太接近一爆才增加空气流量会提升 ROR 变平甚至上升的风险，常常也会增加 ROR 骤降的风险（更多讨论请见第十章）。

风扇的调整对烘焙曲线的影响会依这些条件而定：调整的时机、调整的幅度、烘焙量、烘豆机所含热能以及其他因素。增加空气流量最常见的直接影响就是会暂时增加烘焙速度，在这数秒的时间内，ROR 要么会升高，要么就是下降得更慢，这似乎是因为增加空气流量夺取了烘豆机表面储存的热能。为了在调整空气流量时仍维持较平顺的 ROR 曲线，我建议在降低火力之后于短时间内调整风扇设定，以增加空气流量；也就是降低火力，等待 2 ~ 3 秒，然后调升风扇设定。

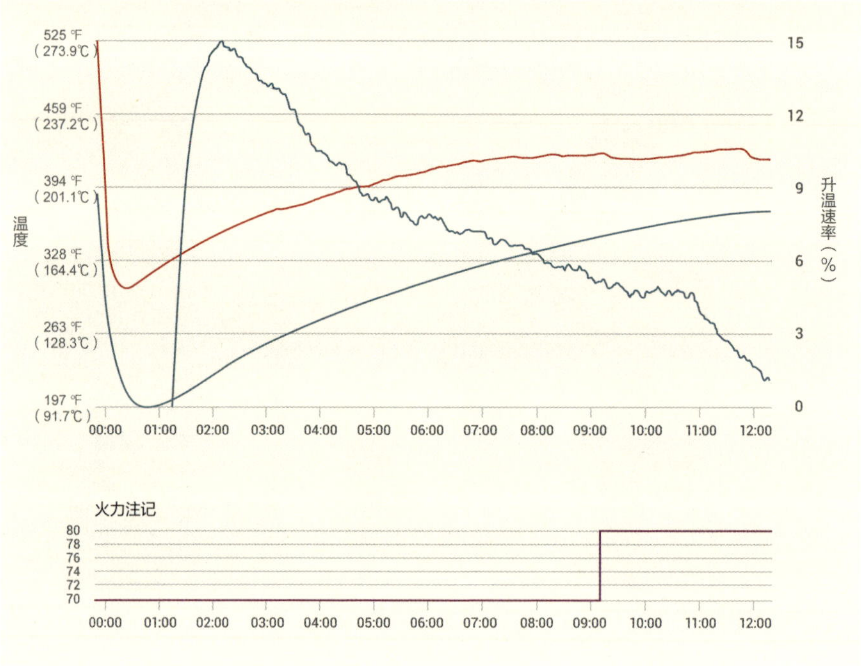

图 9-1 烘豆师在过于接近一爆时增加空气流量，导致 ROR 曲线变平，并最终发生骤降

需要管理空气流量的烘豆机

当使用火力不足的传统滚筒式烘豆机，或是烘焙过量，超过燃烧器的产热能力时，在烘焙中调整空气流量会带来正面效益。在产热不足的滚筒式烘豆机上，于烘焙的前几分钟限制空气流量，有助于将热能滞留于烘豆机内，可使原本缓慢的烘焙进程加速。

若使用**电热烘豆机（electric roaster）**或间热滚筒式烘豆机，在一开始烘焙时设置低空气流量与中至高的火力设定，然后在烘焙过程中逐步降低火力，并升高空气流量设定。如此管理策略可将烘豆机的储热逐步释放，这有助于烘焙末段的能量控制。

第十章

基本火力管理

Basic Gas Management

· 10 ·

PROB

有许多的方式可掌握火力调整的时机，接下来要探讨的简单方法可适用于所有烘豆机。本章全部讨论实务上“如何做”的部分，在接下来的章节才会讨论这些方法背后的成因，以及更多进阶的技术。

高火投豆，并随烘焙进程而降低火力

将一堆冷的生豆投入烘豆机会急剧地降低烘豆机的热能状态和滚筒内的空气温度。在烘焙初始的阶段使用高火力设定有助于将烘焙环境提升至合适的烘焙温度。

以下可能是在烘焙中最常见的火力管理系统：在高火力下投入生豆，直至豆温升至150摄氏度（300华氏度）时，开始数次降低火力至一爆开始前，在一爆开始后再降低火力数次。图10-1中的曲线即为这种方式的例子，而最佳的火力设定则随不同烘豆机与不同情境而不同。

以标准火力设定烘焙的例子

于199摄氏度（390华氏度）投入70%乘载量的生豆

· 投入时火力95%
· 豆温146摄氏度（295华氏度）火力降至75%
· 豆温163摄氏度（325华氏度）火力降至60%
· 豆温171摄氏度（340华氏度）火力降至45%
· 豆温182摄氏度（360华氏度）火力降至30%
· 豆温189摄氏度（372华氏度）火力降至20%
· 一爆
· DTR 12% 火力降至15%*
· DTR 14% 火力降至10%
· DTR 16% 火力降至5%

* 稍后，我将于本章讨论关于一爆之后的火力调整时机。

低火投豆

低火投豆（soak）是另一种在烘焙刚开始数分钟内的火力管理方式，意思是在低火力设定（或可能是关火状态）下投入生豆，然后在最初的两分钟内将火力升到预设的最高点。若是选择低火投豆，我建议使用20%的火力并维持一分钟，作为初步尝试的起点。虽然这手法可用于任何烘豆机与任何批次，但我倾向于仅在下列两种状况下使用低火投豆：

· 使用小型（烘焙量少于12千克）烘豆机时。小型烘豆机的热能状态不太稳定，使用低火投豆可延迟或减缓小型滚筒的过热现象。

· 使用在批次间难以降温的烘豆机时。有些烘豆机由于有厚重的隔热材料包覆，或是空气流量不足，造成在批次之间难以冷却的现象，使用低火投豆的手法会很有帮助。

近一爆时 ROR 管理的基础手法

比方说，一台烘豆机投入生豆，并没有以低火投豆的方式烘焙，在豆温达到150摄氏度后稳定逐步降低火力。在这样的状况下，ROR很可能会平顺地下降，但当接近一爆时，烘豆师知道管理ROR会更加需要技巧。根据经验法则的调整方式，要在预计一爆开始之前40 ~ 45秒大幅降低火力。若能在此时降低正确幅度的火力，就会有很大的可能在一爆前后都能维持平顺下降的ROR。但是要找到“刚好正确”的降低火力幅度可能需要一些试误学习。接下来的场景是假设空气流量设定合宜且未在一爆前两分钟内调整增加。

如果ROR变平或是上升后骤降，那么火力设定过高。

如果ROR于一爆前稳定下降，但于一爆期间**失速**（stall）或是呈水平状，则火力设定太低。

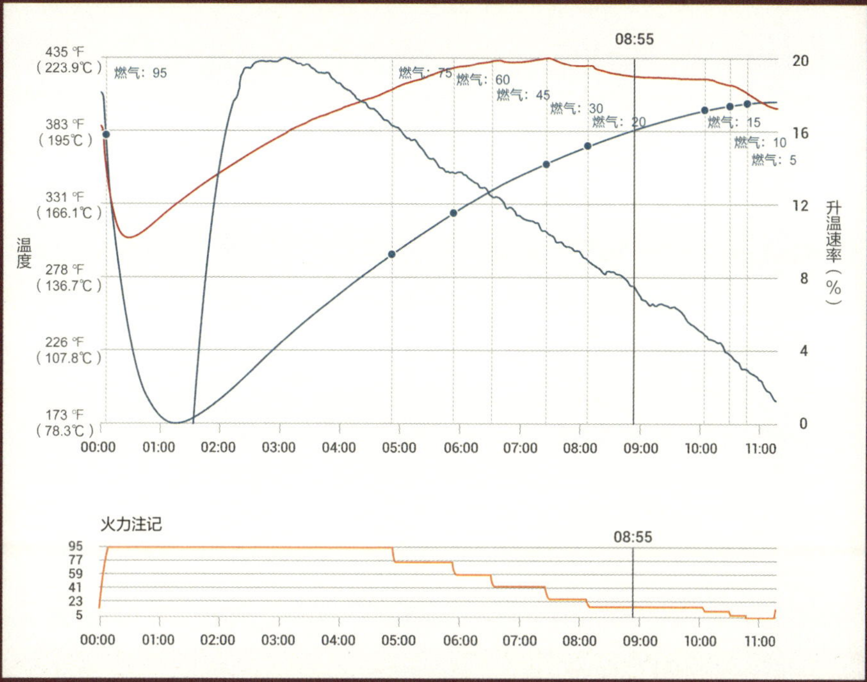

图 10-1 以标准火力设定烘焙

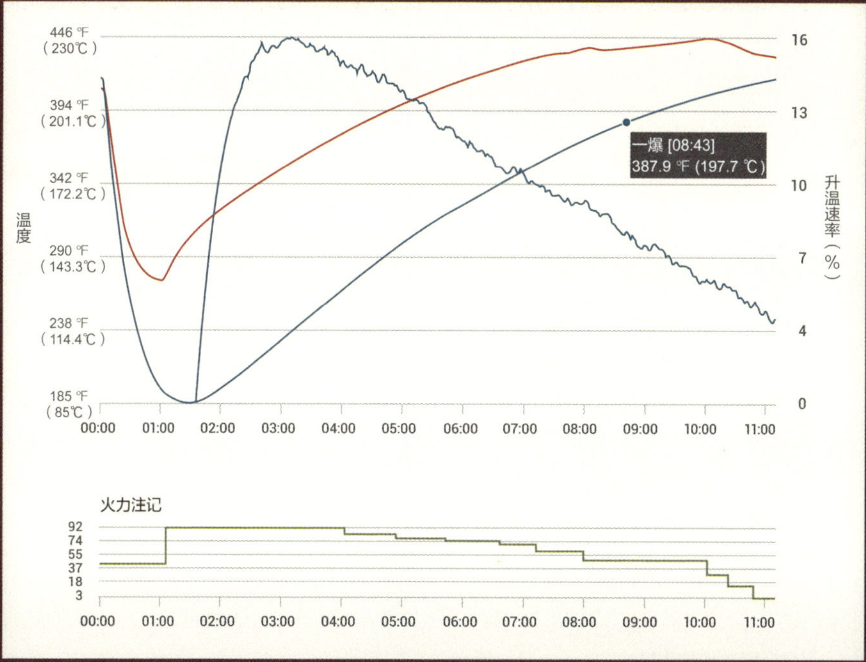

图 10-2 低火投豆的火力设定与维持时间并没有标准，烘豆师在此批次选择 40% 的火力并维持 1 分钟

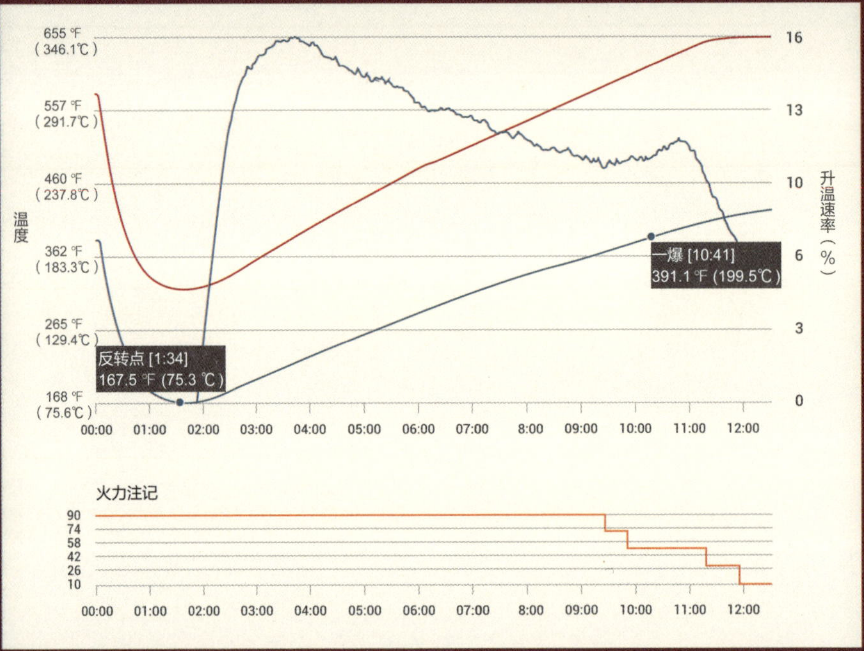

图 10-3 此批次烘焙的火力设定过高，导致一爆前 ROR 上升

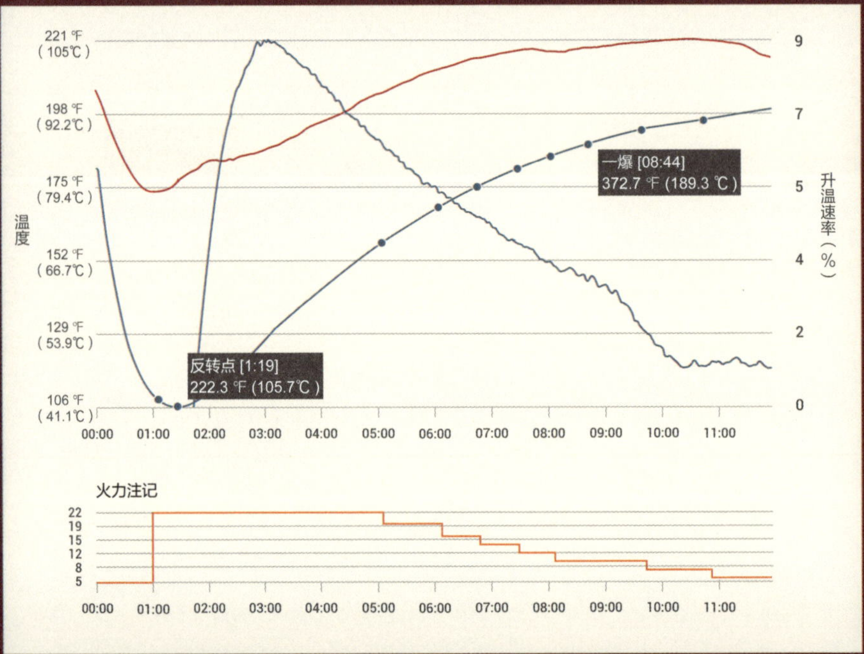

图 10-4 此批次在烘焙中段时，烘豆师降低火力太过，导致 ROR 曲线一爆后低平

ROR 弱骤降的修正

图 10-6 是 ROR 曲线弱骤降的例子。为了减少在一爆前仍有下降的 ROR 进入一爆后产生弱骤降，我的首选策略是在烘焙中段采用较为积极的降低火力策略。

ROR 强骤降的修正

图 10-7 中的 ROR 骤降仅靠在烘焙中段降低火力很可能无法成功修正。我将这样的现象称为 ROR 强骤降，因为 ROR 曲线近 90 度陡峭地向下转折，而烘豆师在一爆很早之前已然选择了非常低的火力设定。我建议使用火力暂沉法（参见第十一章）来修正 ROR 强骤降。

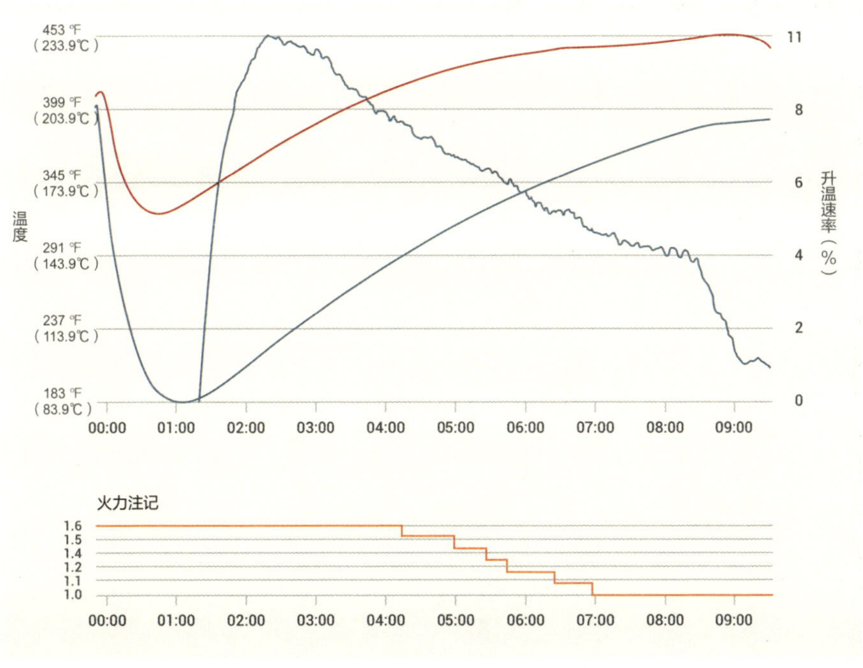

图 10-5 仅靠在烘焙中段降低火力很可能无法修正图中 ROR 骤降

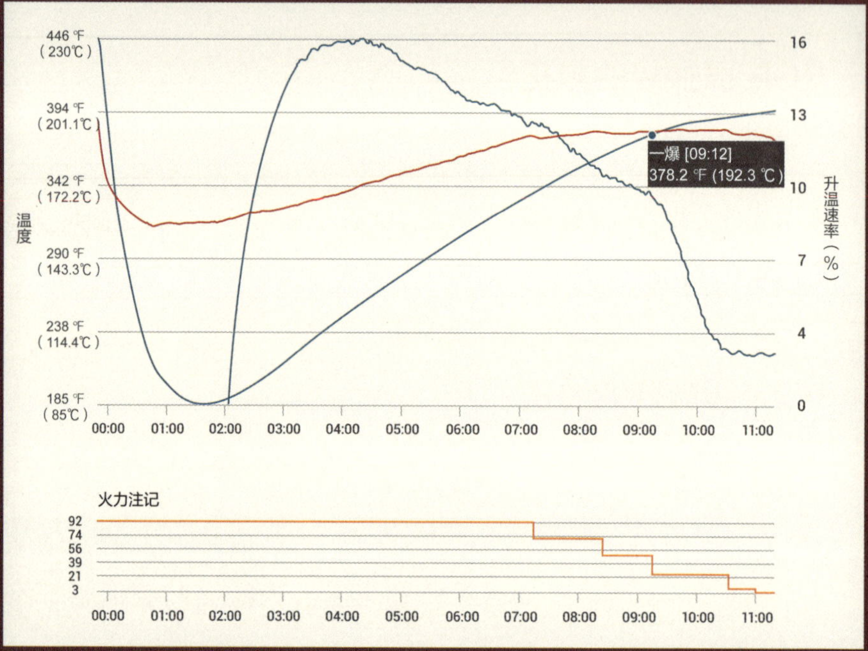

图 10-6 烘豆师可能于一爆前使用过高火力而进入一爆

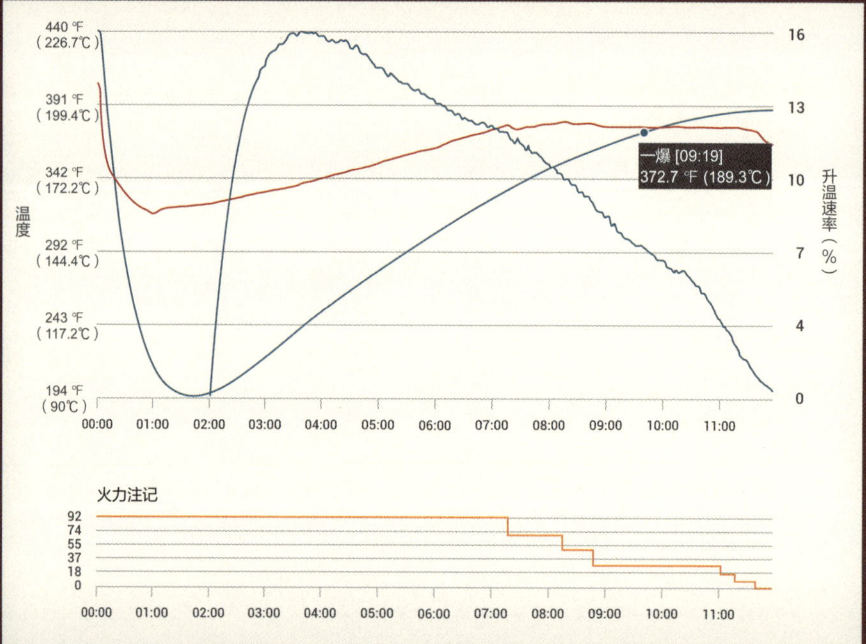

图 10-7 在一爆前使用较低火力设定，以矫正 ROR 骤降

一爆后的火力调整

我建议在一爆前根据温度决定调整火力的时机，而在一爆后根据DTR决定调整火力的时机。由于一爆后豆温的变化较慢，也不太容易预测，此阶段的豆温不会是太理想的调整火力指标。而一爆后的DTR对于ROR骤降与弹升是优异的预测指标，可预防此两种现象的发生。

一爆后火力调整的标准模式可能会如下所述：

· 在DTR 12%降低火力一半。

· 在DTR 14%再降低火力一半。

· 在DTR 16%再降低火力一半或关火。

若须以数字示意，我们假设一爆开始时火力为20%。在这个例子中一爆后的火力调整将为：

· 在DTR 12%降低火力至10%。

· 在DTR 14%降低火力至5%。

· 在DTR 16%降低火力至2%。

专业提示：若是你把一爆开始的时间标注晚了，可考虑将调整火力的时机提前至较低的DTR。

一爆中的火力调整时机

我于本书中提过数次，一爆是自豆心密集且活跃地释放水汽的阶段。如此的水汽释放会将豆表冷却，并会使一些原本施加于豆表的热空气偏离。一爆一开始较慢，然后转强，之后再次变慢，整段历时1～3分钟。达成平顺ROR曲线的“风险”会随着一爆的进程而转移。熟练的烘豆师能够预料到风险的转移，并且主动预先调整火力，以维持ROR的平顺下降。

在实务上，烘豆师需要于进入一爆时设定充足的火力，以避免 ROR 骤降，并维持火力直至发生骤降的风险期结束，再于 DTR 12% 起积极地大幅降低火力。

图 10-9 就是一个例子。

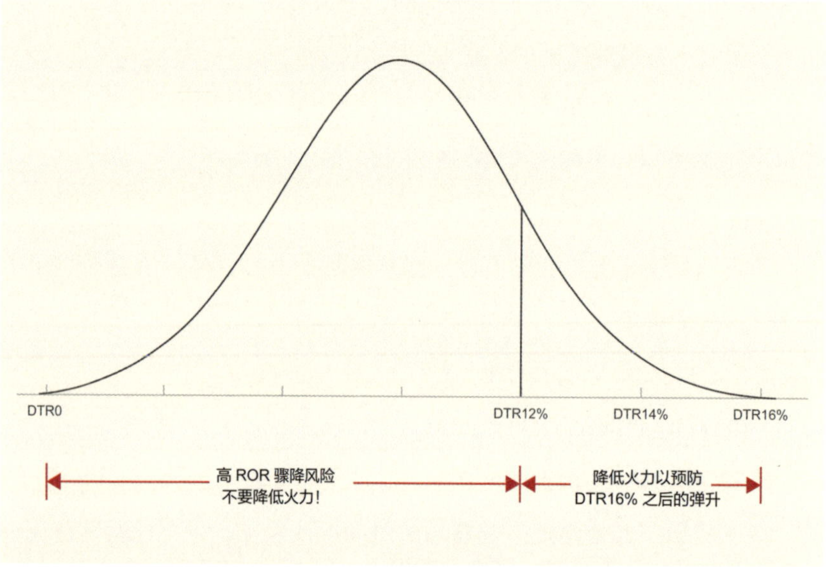

图 10-8 在一爆前半段的水分快速释放，因此 ROR 骤降的风险很高。故在此期间，烘豆师不应降低火力。而当爆裂变慢且水分释放速度下降时，ROR 骤降的风险降低，但弹升风险增加。根据我的经验，若是没有使用火力暂沉法（参见第十一章），出现 ROR 弹升的时机几乎总是在 DTR16% ~ 17%。所以，在骤降风险高时最好不要降低火力，而其后为了防止弹升，就必须降低火力

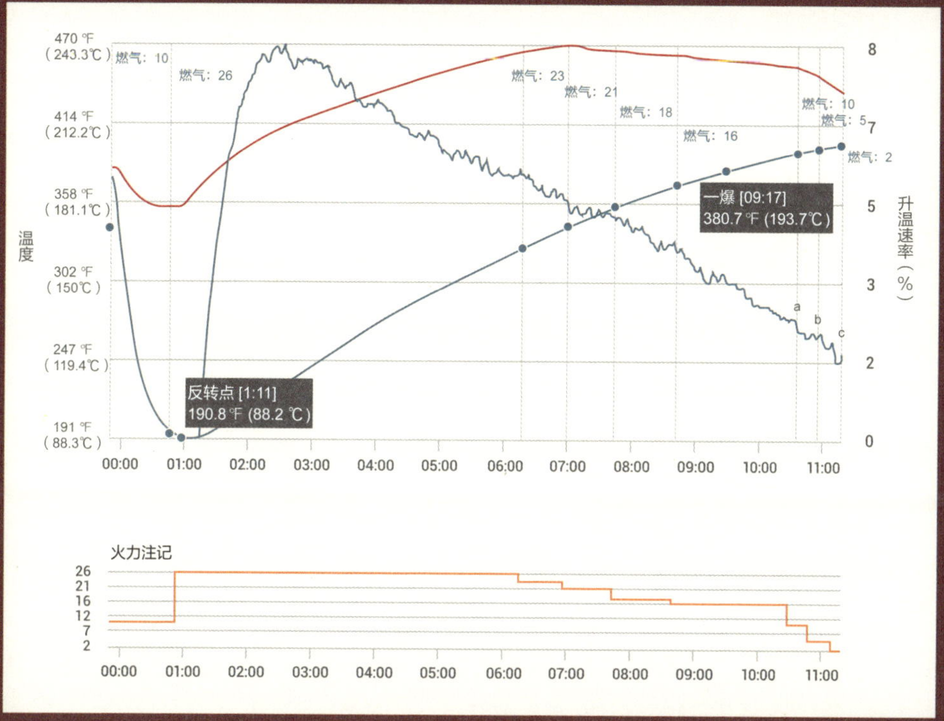

图 10-9 烘豆师于 a 点降低火力几乎一半，并于 b 点降低火力一半，于 c 点再降一半

入滚筒风温

入滚筒风温指的是来自燃烧器、要进入烘焙滚筒的热空气温度。大部分烘豆机并未测量入滚筒风温，但它是预测并控制烘焙曲线非常有用的工具。一些大型烘豆机用预先排程设定的入滚筒风温而非火力设定来管理烘焙。

虽然火力设定是“输入”，烘豆师习惯以此调整燃烧器温度，但入滚筒风温等于是燃烧器工作后的“输出”，这一读数更直接地反映出咖啡豆在烘焙过程中的经历，所以入滚筒风温无疑较火力设定与烘焙有更多关联。

主观上，我认为调整火力设定较为简单，在管理上也更直观，但入滚筒风温可能提供更有效的控制烘焙过程的方式。虽然我在此不会直接讲述如何编程设定入滚筒风温，但就算完全以火力调整方式控制烘焙，我仍建议烘豆师们读取并追踪此温度曲线。

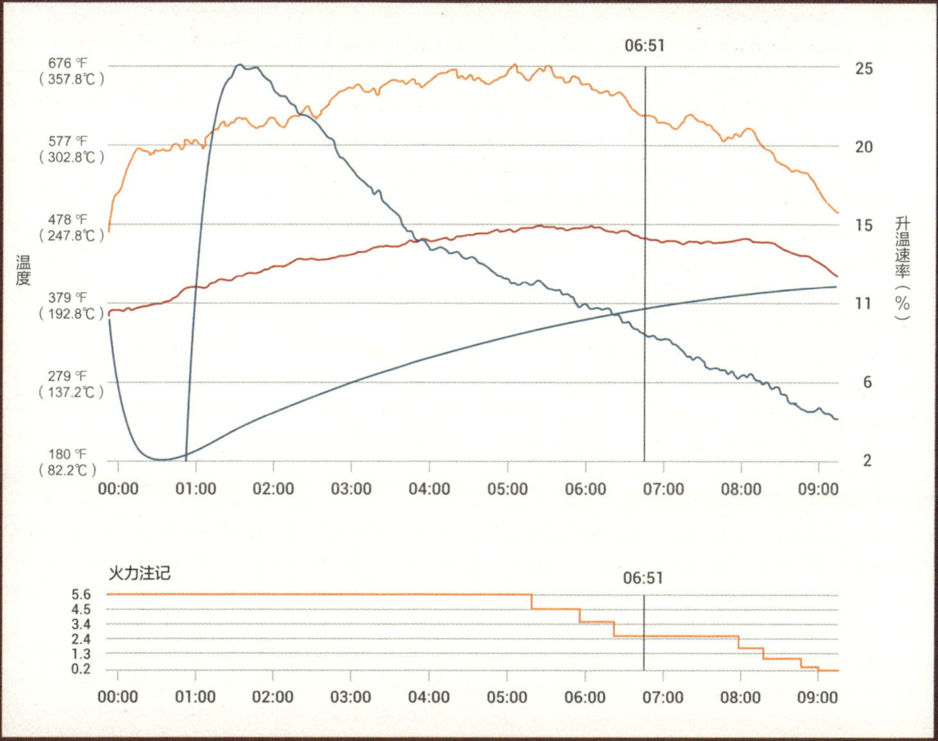

图 10-10 图中上方锯齿状的橘黄色曲线即为入滚筒风温曲线

第十一章

水分释放阶段与火力暂沉法

The Phases of Moisture Release and the Gas Dip

· 11 ·

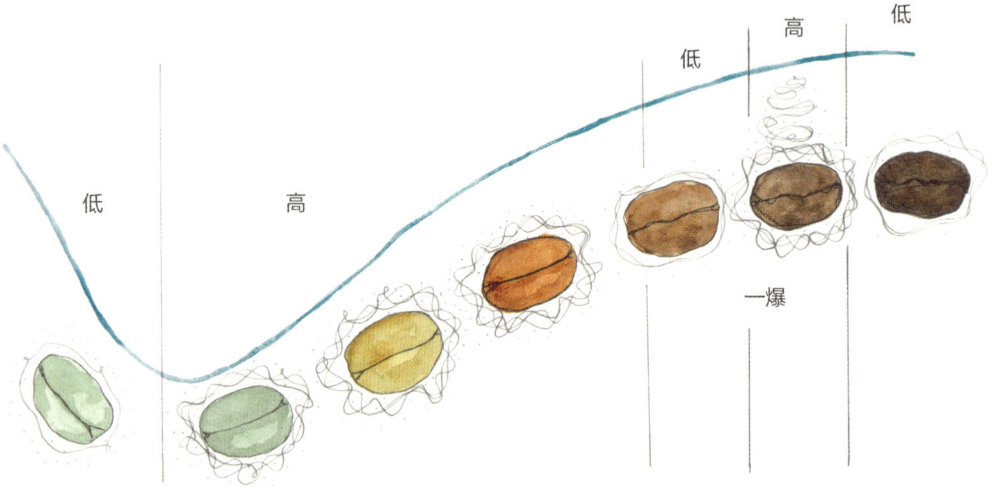

烘焙过程中的水分释放阶段（引用自斯科特·拉奥）

生豆中的水分含量占总重的 8% ~ 12%，而烘焙过程中的化学反应也会生成水，这些水分于烘焙时皆自豆中释出，使烘焙后咖啡豆的含水率仅为 1.5% ~ 2.5%。在《意式浓缩咖啡：品质的科学》（*Espresso Coffee：The Science of Quality*）一书中，作者安德里亚·意利（Andrea Illy）描述了一种由较低温的水分形成“蒸发前缘”的现象，由从咖啡豆内释出的蒸汽生成。这类似于在炎热夏日跑步时，汗水从皮肤上蒸发而冷却了身体，烘焙时水分的释放会造成豆表的**蒸散冷却**（evaporative cooling）效应。自咖啡豆散发而出的蒸汽前缘会抑制烘焙时的热能传递进入豆内，因此，烘焙中咖啡豆释出的水分越多，越需施加更多的热能，才能使咖啡豆达到特定的烘焙度。

若咖啡豆于烘焙特定阶段仅有少许或没有水分释出，烘豆师就可以使用较低的火力设定，使豆表的加热维持在特定速率。而需要较高的火力设定（一爆时除外，本章将会讨论）才可克服蒸发前缘，以维持相同的加热速率。

有些烘豆师相信一爆后的 ROR 骤降不“真实”，他们相信这样的现象是水汽（或其他因素）“欺骗”豆温探针读值所造成的幻觉，且读值并没有精确地反映出豆表温度。对此我不表示同意。就像在热天跑步流汗一样，这可不是幻觉，汗水的确冷却了皮肤。同样，当 ROR 曲线骤降时，豆表温度上升速度更加缓慢，甚至可能会短暂冷却。

除了理论性的解释，ROR 骤降是真实现象的最佳证据，就是它在盲目杯测中可被感官鉴别。有能力的专业咖啡人员应能尝出同一种咖啡中，ROR 骤降的批次与 ROR 平顺下降的另一批次间的差异。比起 ROR 平顺下降的烘焙，ROR 骤降的烘焙会让咖啡尝起来有更多焙烤风味（较为空洞并不太甜）。

水分释放阶段

阶段一（低）：自开始至 1 分 30 秒：微量或无水分释出 用很受欢迎的名词“脱水期”来指称烘焙初始的几分钟其实不恰当且早就该被摒弃。在一次典型的 10 ~ 12 分钟烘焙中，最初的 60 ~ 90 秒并无显著的水分释出现象，因为所有咖啡豆的温度都未超过水的沸点。

阶段二：自 1 分 30 秒至一爆前 45 秒：稳定的高水分释出 当豆体更深层的温度成功地达到水的沸点后，水分释出速度开始提高并维持高速，直至一爆之前 45 ~ 60 秒时。

阶段三：自一爆前 45 秒至一爆开始：低水分释出 在咖啡豆接近一爆时，大部分残留的水分都受困于未爆裂的种仁核心中。在这一爆前的 45 ~ 60 秒中水分的释放非常低，这很可能是在一爆前阶段 ROR 曲线会转为水平甚至扬升的原因。

阶段四：一爆期：快速的水分释出 一爆的特征是纤维素有声响的断裂及水分的快速释出。一爆的水分释出与爆裂声一开始都较缓慢，然后逐渐加快，大部分或全部的豆子都已爆裂时，爆裂与水分释放就消退。

阶段五：一爆期之后：最少水分释出 一爆消退后仅有少量或全无

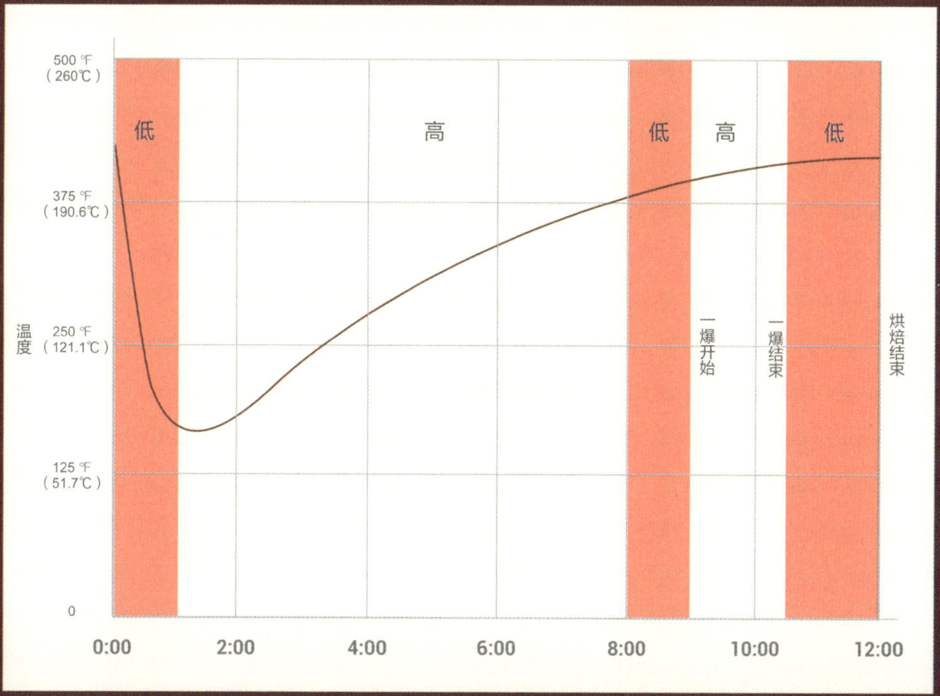

图 11-1 我认为烘焙过程中水分的释放可分为五个阶段。图中的阶段时间根据 12 分钟的烘焙大致划分，不应视为建议做法

水分残存于豆内或释放。这时非常重要的是，烘豆师需要在此阶段开始前急剧地降低火力，甚至关火，以避免 ROR 曲线上升或弹升。

如何基于水分释放阶段管理火力设定

烘豆师一旦了解了烘焙中水分释放的模式，就可以预测调整火力的时机，以维持 ROR 平顺地下降。一般而言，在释放较多水分的阶段使用较大火力，而在水分释放缓慢时施用较低的火力。

但有一个例外，虽然一爆时水分加速释放达到高峰，但烘豆师不应倚靠大幅增加火力来防止 ROR 骤降。提高火力虽然会让 ROR 看来平顺，但会让产出的咖啡尝起来有烘焙味且不太精致。

烘豆师永远不可倚靠大幅增加火力来避免 ROR 骤降。

在第三阶段时，在一爆之前水分的释出会变慢，甚至可能完全停止。如同第十章所述，在这一爆开始前的 40~45 秒是大幅调降低火力的好时机。这种调整策略对烘焙时 ROR 不会产生强骤降的咖啡完全足够，因为正确幅度的单一降低火力既能防止 ROR 在一爆前变平或上升，又能提供充分的热能，以预防一爆后的骤降。

若在咖啡烘焙时已经针对第三阶段的火力调整尽了最大的努力，还是有 ROR 骤降的话，我会建议使用一种叫作“火力暂沉法”的进阶调整方法。

火力暂沉法

基础火力暂沉法

要进行火力暂沉，须将火力降为原先设定的一半并维持 20 秒，然后在 ROR 骤降开始前约 15 秒将火力调回原本的设定。

当其他方式都失败时，使用火力暂沉法防止 ROR 骤降会非常有效。这也是我于烘焙后段建议调升火力的唯一时机。若要尝试火力暂沉法，请准确地依照建议的指示操作。这是个高风险但高回报的方法，很容易让一批次的烘焙报废，所以我建议仅用于会有 ROR 强骤降现象的咖啡烘焙，这样可以减少些损失。

图 11-5 与图 11-6 是连续两个批次烘焙的卢旺达咖啡，在头一个批次烘焙中 ROR 在一爆前转为水平并于其后骤降，所以我们使用火力暂沉法来改善下一批次的烘焙。

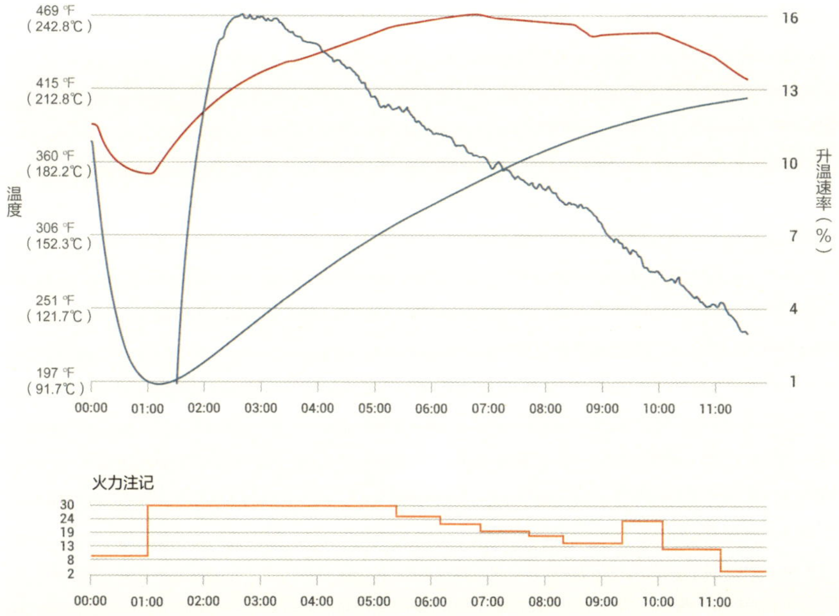

图 11-2 提高火力也许可以产生吸引人的 ROR 曲线，但咖啡尝起来会有烘焙味

为什么火力暂沉法有效

在水分释放第三阶段（一爆前的阶段）中，水分释放速度较慢的现象是火力暂沉法有效的主因：当蒸发冷却效应减缓或是暂停时，大幅降低火力设定有助于 ROR 持续以稳定的节奏下降。这样的低火力设定也会降低滚筒金属的温度，使降低之后的火力再调升变得安全，不用担心提升火力会因滚筒表面过热而造成咖啡带有刺激感或是烘焙味。暂沉之后高于一般的火力设定可帮助 ROR 曲线在通过"骤降区间"时降低发生骤降的风险。

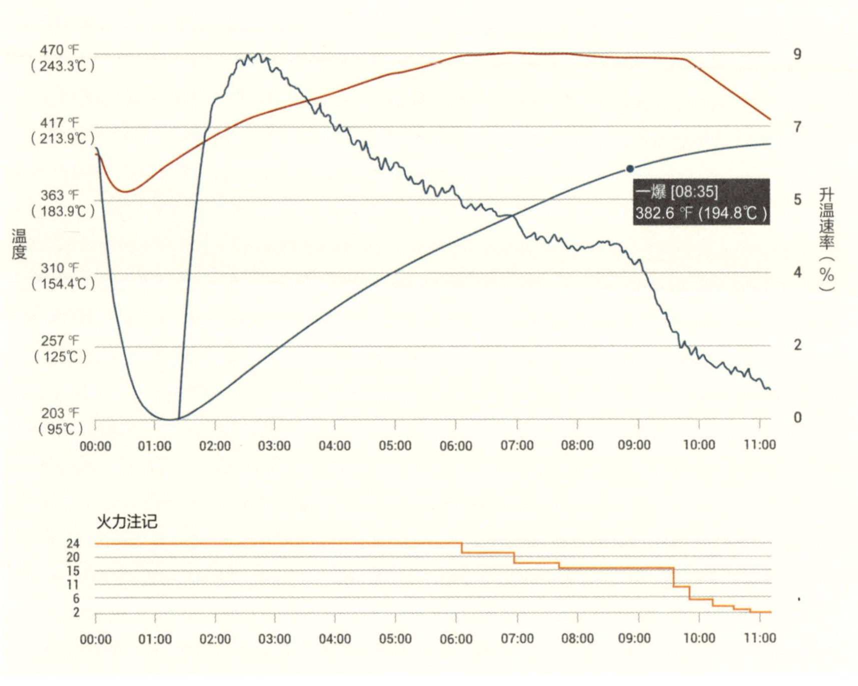

图 11-3　在此咖啡的第一次烘焙时，我们逐步降低火力（橘色曲线），而 ROR 曲线变平并产生骤降。这次烘焙尝起来有焙烤风味，我们知道可将此咖啡烘焙得更加具有果汁感并且更甜

在烘焙中如何掌握时机执行火力暂沉法

· 先烘没有执行火力暂沉法的批次。
· 如果 ROR 骤降严重，这批咖啡极可能是暂沉法的施用对象。
· 将烘先达第三代智能烘焙应用（RI3[1]）的 ROR 间隔时间设定为 10 秒（若使用的是 Artisan，则将计算时距定为 5 或 10 秒）。如此设定将在较大噪讯下检视曲线。
· 记录骤降开始的时间。
· 记录骤降开始前 40 ~ 45 秒时的豆温（快烘记 40 秒，慢烘记 45 秒）。
· 在下一批次烘焙时，在豆温达到上述记录温度时执行火力暂沉（我们称为“暂沉温度”）
· 在达到暂沉温度时，降低火力至原先火力的一半并维持 20 秒。
· 维持 20 秒后，将火力调升回暂沉前设定。
· 维持该火力设定，不要调低，直至一爆开始后（通常需至 DTR 9%）。

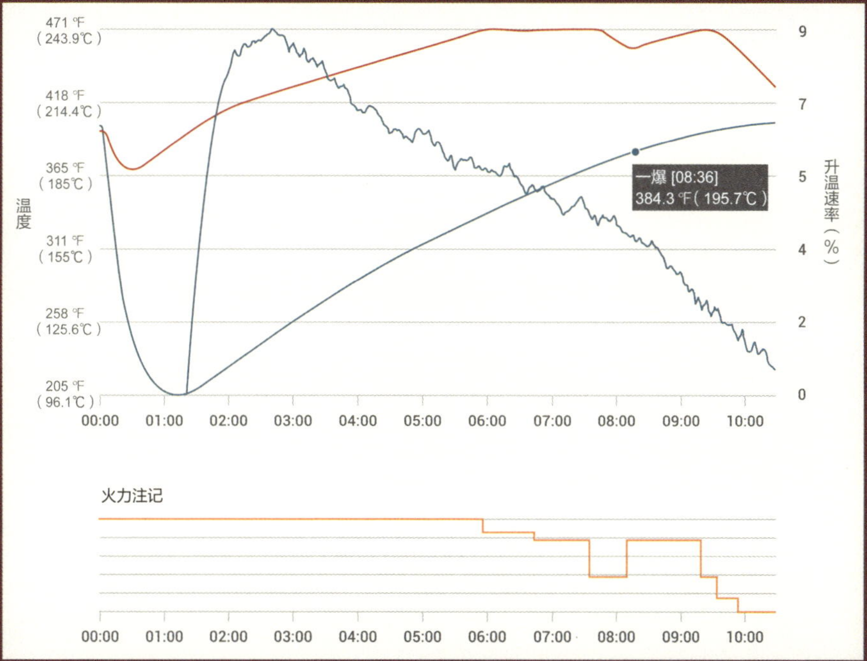

图 11-4　图中此烘焙的橘色曲线显示出烘豆师将火力暂降 20 秒，然后于预计发生骤降时前 15 秒将火力调回暂降前的程度。当一爆渐弱时，烘豆师再逐步降低火力，以维持平顺下降的 ROR 曲线

[1] RI 3 为烘先达烘焙记录软件 Roasting Intelligence 3 的缩写，译作时软件版本皆已升级为 RI 4。

专业提示：

· 若是在暂沉时 ROR 开始骤降，代表暂沉时机太晚。

· 若是暂沉后 ROR 上升形成丘状，代表暂沉时机太早。

· 若是 ROR 在暂沉之后平顺地下降，代表暂沉时机正好。

· 若是在暂沉前使用比平常稍高的火力不会使 ROR 曲线转为水平，则可如此设定。

· 执行火力暂沉法的一爆会较为活跃，且当下的火力设定较一般为高，所以当使用暂沉法时通常需于 DTR 9% 时大幅降低火力设定。

· 有些咖啡会在不寻常的时机发生 ROR 骤降。例如前一季度采收的埃塞俄比亚咖啡倾向于在一爆开始后超过 1 分钟才发生骤降。若是这样

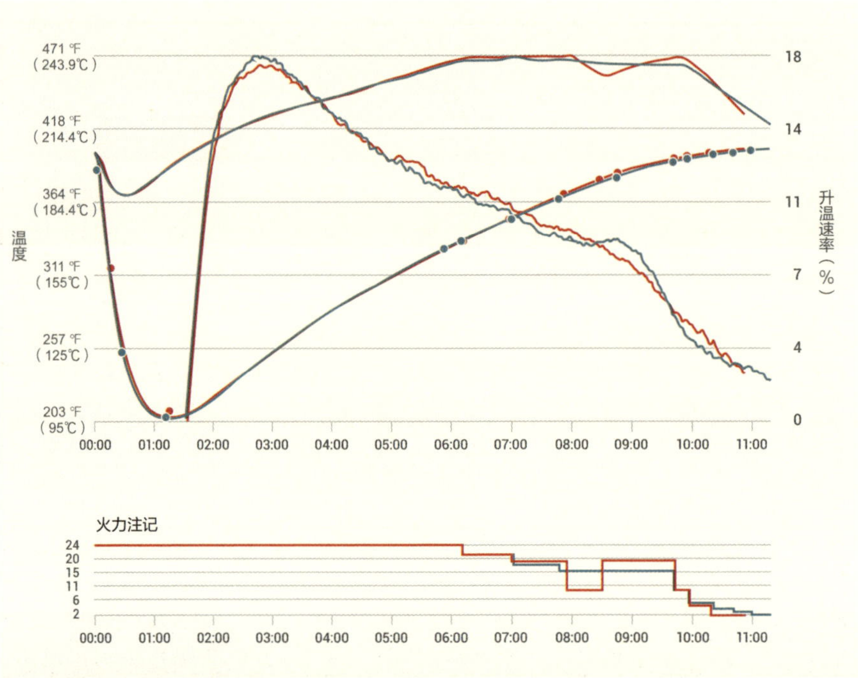

图 11-5 图中为两批相同的烘焙，红色曲线为有火力暂沉，蓝色曲线是无火力暂沉。请注意，烘豆师在两次烘焙中使用大约相同的火力总量，但使用火力暂沉法时的火力配置与一般正常烘焙不同，在暂沉时火力较正常更低，而在暂沉前后的火力较正常更高

的状况，忽略一爆，仅单纯地根据维持 ROR 平顺下降的需求来调整火力的做法是合适的。你甚至会发现自己不得不在一爆开始后许久才执行火力暂沉，而这样的做法完全没问题。

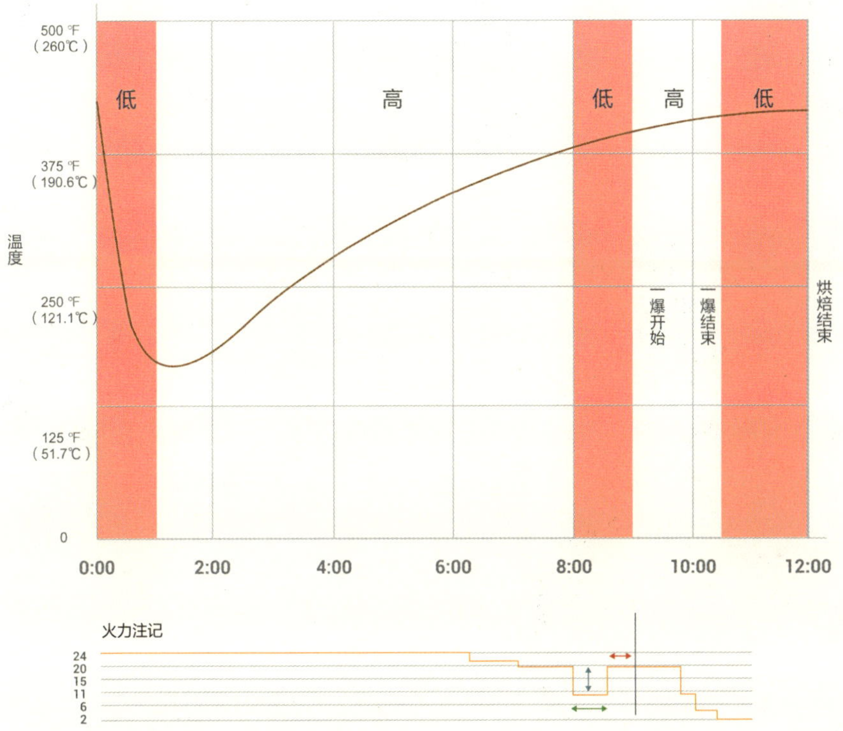

图 11-6 本图于水分释放阶段图下方显示了烘先达的火力曲线。通过对比可注意到，烘豆师在烘焙正要进入低水分释放阶段时暂时降低了火力。若是可以让火力暂沉的时机正好符合水分释放阶段的转换，就可以产生平顺下降的 ROR 曲线

第十二章

以 ETROR 标记一爆

Marking First Crack Using the ETROR Curve

· 12 ·

请注意：本书中我一般用 ROR（rate of rise，升温速率）指称 BTROR（bean temperature ROR，豆温升温速率）。但在本章中，我引入了 ETROR（environmental temperature ROR，环境温度升温速率），并使用 BTROR 与 ETROR 这两个词，以避免混淆。在随后的章节中，我会用回 ROR 来指称 BTROR。

有经验的烘豆师会注意到，一爆时的环境温度曲线会趋于上升。2018 年，我想到可以用环境温度的上升，或更精确地说，根据 ETROR 自深处急剧拉升的现象，来标记一爆的开始。这是一项非常重大的发现，因为在这之前，烘豆师几乎仅能依靠辨识一爆发出的声音作为一爆

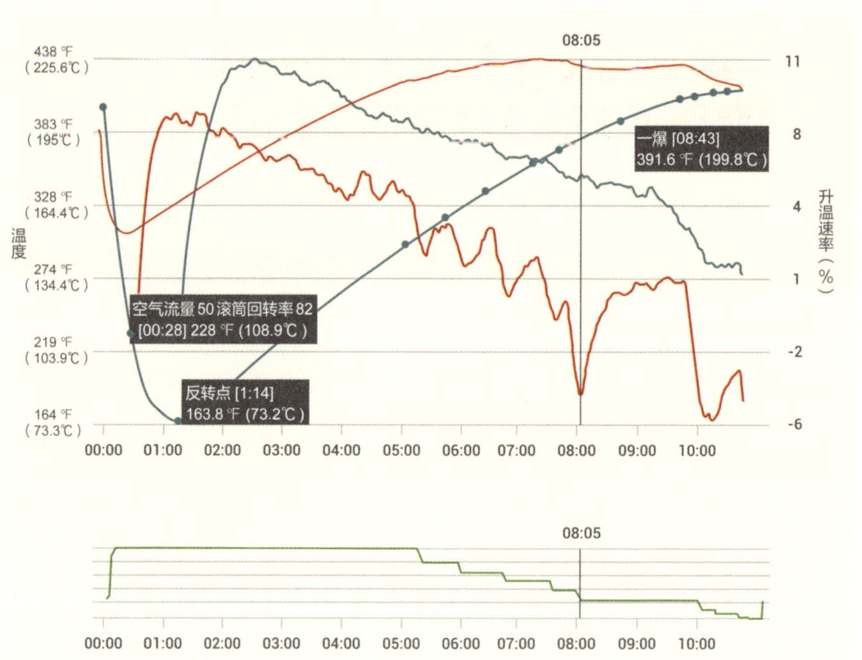

图 12-1　有些人看了这一曲线后会反驳，在 ETROR 曲线低谷之前不久降低火力才是造成低谷的原因。虽然这里火力的降低确是造成 ETROR 下降的部分原因，但一般人都可看出该处 ETROR 的骤降与弹升明显比曲线其他部分更夸张。这一现象可作为一爆开始的指标。烘豆师错误地标注一爆发生于 8 分 43 秒，很可能是因为难以听见一爆的声响

开始的信号。由于使用有些机型的烘豆机非常难听见一爆的声音，以听见爆声为辨识一爆开始的做法会相当不可靠。

我从未阅读到关于这一现象的任何解释，所以我的推测是，如在第十一章中讨论的，一爆中咖啡豆会在短时间内释放出大量水分。若是没有将火力管理好，而这些水分的释放将造成BTROR骤降。乍看之下，释出水分的较低温度似乎是造成BTROR骤降的原因，而且很可能的确如此。但还有另一个可能造成BTROR骤降的原因：ETROR的上升显现出这些于一爆时释出的水分使原本自燃烧器往滚筒内豆堆而去的热空气偏离了。这解释了为什么ETROR上升的同时BTROR下降：这些释出的水分作用像是个力场，不仅冷却了豆表，也让趋近的热空气偏转。

我认为ETROR开始加速上升的现象是一爆开始的客观指标。虽然不是所有咖啡都能呈现出清楚的ETROR加速的现象（例如一些低因咖啡与日晒处理的咖啡），但ETROR指标在绝大多数咖啡豆与烘豆机上都适用良好。在某些状况下，烘豆师可能正好于ETROR曲线反弹急升前调降火力，那就需要自行判断何时可标记为一爆开始的时间[①]。

---

① 此处作者意指因正好在反弹前降低火力，造成ETROR的拉升不明显，故无法给出清楚的一爆开始的信号。

第十三章

其他事项

Odds and Ends

·13·

间热烘豆机的烘焙策略

在使用间热烘豆机烘焙时，一般的策略是持续稳定地降低火力，同时逐步提高风扇转速。这类烘豆机有一个燃烧室，维持着远较烘焙所需更高的温度。我建议在投豆之前，先将燃烧室温度稳定于一个设定温度下。在烘焙中以逐渐提高风扇转速与降低火力的方式调控燃烧室温度及传递至烘焙腔的热量。一旦风扇转速达到峰值，应控制燃烧室温度开始下降，借以控制 ROR 的降低。与其他大部分烘豆机不同的是，间热烘豆机需要规划良好的风扇转速调整方案，在燃烧室的热能与传送到烘焙腔的热能间达成良好的平衡。这类烘豆机能烘出很棒的咖啡，但需要熟练的空气流量管理。

电热烘豆机的使用

我必须承认我并没有积累足够的电热烘豆机的使用经验。在有限的经验中，最成功的烘焙方式与我之前建议的间热烘豆机的使用方法类似：逐步降低火力，同时提高风扇转速。使用电热烘豆机烘焙时最值得注意的是，与燃气烘焙相比，电热加热器在调降火力时会有更长的**延滞期**（latency）。烘豆师需要提早调降火力设定，或是增加降幅，以补偿这一现象。我们仍然可以在电热烘豆机上成功烘焙，但可能要比使用燃气烘焙更谨慎地做出计划并掌握调整时机。若是有计划购买电热烘豆机，我建议选购具有低延滞期加热器的机型。

为何我不在意所谓美拉德期的时长管理

烘豆师常常问我为什么在烘焙中没有专注于所谓美拉德期的时长控制。原因很单纯：不管这样的操作能带来什么仍有争议的好处，专注于达成平顺下降的 ROR 曲线的效果都更好。特别长的美拉德期代表烘焙中段较为低平的 ROR 曲线，非常可能造成 ROR 骤降，或至少会造成不平顺的 ROR 曲线。因此，专注于延长美拉德期很可能会增加产生焙烤风味的风险。支持调控美拉德期的人请考虑下列几点事实：

· 当延长美拉德期的时间时，美拉德反应速率是下降的。

· 事实上无法准确知道美拉德期的起止时间。

· 刻意操纵美拉德期需要牺牲 ROR 的平顺下降作为代价，但平顺下降的 ROR 已被证实对杯中品质有较多正面影响。

· 美拉德期的时长可能无法对风味产生可预期的效果，因为很快与很慢的烘焙的美拉德期长度不同，却可能尝起来很类似。

当然，若是烘焙两批不同美拉德期长度的咖啡，尝起来是会有所不同。但直接将这些变化归因于美拉德期的时长不同就太言过其实了；因为这些烘焙的 ROR 曲线形状一定有所不同，而比起美拉德期时长，ROR 曲线的形状会是更好的风味预测指标。

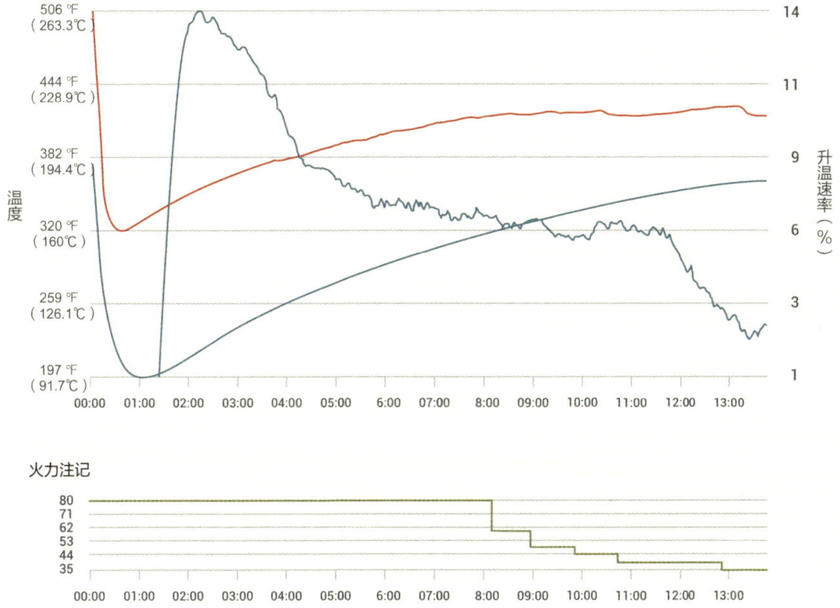

图 13-1 此烘焙具有很长的美拉德期且尝起来有焙烤风味

滴滤咖啡与意式浓缩咖啡的烘焙

我已被问了无数次是不是应该以不同的方式烘焙滴滤咖啡与意式浓缩咖啡。我通常的回答是“也许”，但我建议将注意力放在如何烘焙**黑咖啡**（black coffee，不含奶）与**白咖啡**（white coffee，含奶）上。

以我的经验而言，大家假定的滴滤咖啡与意式浓缩咖啡理想烘焙方式的差异大部分来自萃取的差异。若将滴滤咖啡与意式浓缩咖啡萃取的质与量上的差异缩小，你很可能会发现你认为适合不同萃取方式的烘焙的差距也缩小了。例如，在广泛使用咖啡浓度计（coffee refractometer）之前，第三波咖啡浪潮的咖啡师通常会提供萃取率低于 18%，尝起来尖锐、死酸、**萃取不足**（underextracted）的**短萃意式浓缩咖啡**

（ristretto），也提供萃取率为 20%、风味平衡的滴滤咖啡。为了应对这样的现象，烘豆师会提供较深的意式浓缩咖啡烘焙，以减轻刺激的酸味。咖啡师仅需使用较高的意式浓缩咖啡冲煮比例（espresso-brewing ratio），使意式浓缩咖啡的萃取率与滴滤咖啡的萃取率相当，就可感受到其实不需要将意式浓缩咖啡用豆烘得较深。而当咖啡师提高萃取率，萃取出更为平衡的意式浓缩咖啡时，绝非巧合的是，烘豆师会随之开始将意式浓缩咖啡用豆烘得较浅。

我在家里使用 DE1PRO 意式浓缩咖啡机时，可以用概念来自滴滤咖啡萃取的方法——例如浸润法（blooming）与多次断水法（pulsing）——来萃取意式浓缩咖啡。在我使用这些方法萃取浓缩咖啡后，我发现与相同咖啡豆萃取的滴滤咖啡相较，它们在风味平衡度上的差距很小。我在家仅使用烘焙非常浅的咖啡冲煮，并且会使用同一种咖啡，但交替使用滴滤咖啡或是意式浓缩咖啡的萃取方式。

“黑咖啡”与“白咖啡”的烘焙

在烘焙上很重要的分野是烘焙黑咖啡（意式浓缩、美式咖啡、滴滤咖啡）与白咖啡（拿铁咖啡、卡布奇诺、其他含奶咖啡）时个别烘焙方式的不同。以黑咖啡形式饮用时达到理想的风味平衡，很可能会在咖啡和牛奶结合时有所不同。一般而言，酸质较少并且大分子化合物含量较多的烘焙与牛奶的风味互补性更佳，较浅且较有水果调性的烘焙更适合以黑咖啡的形式饮用。

最重要的是应该将黑咖啡与白咖啡分别烘焙。但若要烘焙滴滤咖啡与浓缩咖啡，烘豆师至少需要部分考虑这两种萃取方法的萃取品质的差异。若是能够将滴滤咖啡以及意式浓缩咖啡的萃取率及风味呈现做到相近的程度，采用两者兼顾的**通用烘焙**（omniroast）是合适的做法。若是两种萃取方法的萃取品质差距太大，则浓缩咖啡烘焙比滴滤咖啡烘焙更深会是更明智的决定。

第十四章

烘焙后的质量控制

Post-Roast Quality Control

· 14 ·

烘焙色值测量

测量烘焙后咖啡豆的色值有助于评估烘焙的发展。豆表的色值会显示出烘焙最终的颜色，而磨粉后的色值则可用以推测豆体内部的烘焙发展。

将豆表与磨粉后的色值量化后，就可以计算此二者之间的色差值（spread）。色差值可用作该咖啡豆烘焙均匀性的指标，但关于这点目前仍见仁见智，未有定论。

在我的经验中，使用这些市面上受欢迎的色值测量设备，得到的数据价值近乎相同，但设备的取得成本却有极大的差异。所以，在购买色值测量设备之前，请先考虑购置成本、数据的意义价值，以及每次测量咖啡粉色值需耗用的咖啡量。有些机型每次测量需要耗用近 150 克咖啡粉，而其他机型每次仅需耗用 7 克，如此长期积累下来，成本的差异可能是惊人的。

失重测量

我建议烘豆师测量每一次烘焙的失重率。失重率的计算可立即反映出烘焙发展的程度与烘焙批次的一致性。若一种咖啡豆的烘焙起始含水率是恒定的，那么较高的失重率意味着较多的烘焙发展。

Torino 烘焙色度测量仪测量时较其他设备耗损的咖啡粉更少

如何计算失重率

$$\frac{\text{生豆重量} - \text{烘焙后重量}}{\text{生豆重}} = \text{失重率}$$

其他烘焙发展指标

这似乎平凡无奇，但仅是单纯地咬开或以手指捏破熟豆，即可发现烘焙发展程度的线索。简而言之，烘焙发展越高的豆子质地越脆。

我们还可以谨慎地用咖啡萃取数据评估咖啡烘焙发展的程度。在浅至中烘焙程度下，同一咖啡若烘焙发展较高，则平均萃取率较高。在较

深烘焙度下，比如在二爆充分开始后才停止烘焙的咖啡豆，反而会损失一些可溶性物质，萃取率从而可能下降。

用萃取数据代表发展程度较为困难。若要使这些数据的有效性达到可信水准，需要先行建立可反复验证的基准萃取。也就是说，若反复 10 次冲煮同一批次咖啡，其萃取率都落在一狭窄区间内（比如说，21.0% ~ 21.5%），而冲煮后一批次烘焙的相同咖啡时，其萃取率一致仅有 20.0% ~ 20.5%，则可确信后一批次的烘焙发展较低。为了确认这个结论，我会建议再回头确认前一批次的萃取率是否仍在原有的萃取率范围内，以确保不会因为一些冲煮的变因漂移造成误判。若是难以达成如此一致的冲煮率，我会建议谨慎使用萃取数据推断烘焙发展程度。

第十五章

样本烘焙与杯测

Sample Roasting and Cupping

·15·

PROBAT
EMMERICH
FA 0037
SAMPLE ROAST
VOLCAFE

样本烘焙与杯测是评估生豆批次品质与做出采购决定的标准方式。杯测也用来评估与比较烘焙生产批次的品质。样本烘焙与杯测理想中应该在杯测者完全“看不见”的状况下进行：也就是样本烘焙与杯测冲煮应该以系统化、效果合宜以及稳定一致的方式进行，如此才可避免杯测者在多杯咖啡的品评中受到个人偏好的影响。

样本烘焙

最近各式样本烘豆机的大量出现使针对机型提供特定的建议变得非常困难。传统的样本烘焙是使用 100 克生豆进行快速的浅烘焙。大多数样本烘豆机都有相对于 100 克咖啡豆而言十分充裕的热能，所以样本烘焙十分容易进行烘焙发展，即便是仅为时 7 分钟的烘焙。

虽然样本烘豆机的烘焙曲线无法直接套用在量产烘豆机上（参见下一节），我仍强烈建议使用如烘先达或是 Artisan 这样的软件来记录样本烘焙的资料。在样本烘焙时，因为使用不熟悉的咖啡豆，且通常只有一次烘豆机会，所以极具挑战性。如果烘焙数据显示样本烘焙不顺利（比如说发生 ROR 强骤降），杯测师可考虑替补样本，或是在对烘焙不良的样本评分时采取较宽松的标准。

自样本烘焙数据中可以（或不可）学到的

虽然持续的谣传持相反的意见，但样本烘豆机的烘焙曲线是不可能套用到量产烘豆机上的。如同之前提到的，豆温不是客观且能精确表述豆表温度的数据。豆温探针自身的质量与安装位置，以及探针周边的热风温度，都会影响读取的豆温数据。就算一种咖啡豆的样本烘焙与量产烘焙有相同的烘焙时间，并且经由相同的温度探针收取到相似的烘焙数据，最后烘出的咖啡尝起来仍然会不同。

从样本烘焙上可以学到的是咖啡豆在烘豆机中较为一般性的行为信息。若是对所有样本使用标准化的烘焙方式（总是相同的烘焙量、投豆温度及几乎相同的火力设定等），那么烘焙的结果会显现出此种咖啡相对于其他咖啡的烘焙行为有什么不同，像是需要多少热能，会不会有 ROR 骤降，要是有会在何时发生骤降等。这些样本烘焙信息在量产烘焙火力的设定及特定烘焙事件将何时发生的线索上，可以让人们有更深入的了解。

如何杯测

杯测是品尝与评估生豆样本或生产烘焙的全球化品管标准程序。你可能会想要使用其他冲煮方式来分析品质，但我建议一开始先用杯测将每个样本尝一遍。

当需要比较大量的样本时，使用杯测的方式是相当简便的，而且可说是最简单就能冲好的冲煮方式。它无需任何特殊的设备或是滤器，在**渗滤冲煮**（percolation）中也不会有出现**通道效应**（channeling）的风险。通道效应会产生**涩味**（astringency），而涩味会干扰杯测师在各杯样本间公平比较的能力。

在评估要采购的生豆样本时，非常重要的是应以尽量相似的方式烘焙，并以相同方式冲煮所有样本，如此所有的杯中差异将仅来自不同的生豆品质。所以，一套简单的、易于重制的杯测流程是十分必要的。

标准杯测程序[1]：
· 将杯测用水煮沸。
· 以中到细的研磨刻度（若是 EK43 磨豆机，研磨刻度指向 11:00—11:30 方向；若是咖啡超级极客，研磨后的粒径峰值约为 500 微米）将 7 ~ 12 克的咖啡进行研磨。
· 将装有咖啡粉的杯测杯称重归零。
· 于杯测杯中注入水温低于沸点数摄氏度的水［大约 97 摄氏度（207 华氏度）］。
· 注入水的重量为粉重的 17 倍，例如若是每杯使用 10 克粉，则注入 170 克的水。
· 当开始第一杯注水时，启动定时器，并继续依序注水。
· 替数个“涮匙杯”也注入热水，以备杯测时涮洗杯测匙。
· 于计时后 4 分钟开始自第一杯起依序破渣，意即使用杯测匙的背面将浮于杯测杯表面的咖啡渣撇拨开。
· 在破渣时嗅闻释放出的湿香气，并搅拌浮渣，使之沉入液面下。
· 依注水顺序重复上两项动作。
· 检视每一杯样本并移除液面残留的渣沫。
· 在 11 分钟至 13 分钟之间温度适宜时开始啜吸。
· 用力将杯测匙中部分的咖啡啜吸并喷散至口腔中。每一杯样本需反复啜吸数次并写下记录。
· 在开始注水后的 30 ~ 60 分钟，当咖啡已冷至室温时，再次重复啜饮评估。

不管在美国的烘焙厂还是在肯尼亚生豆竞标会上，咖啡杯测流程的标准其实较为宽松。以下的杯测流程是我认为的标准流程。若你在咖啡业内工作，并且会在各地参加杯测，你将很可能遇到类似但常常不会如此严谨的杯测流程。

---

① 关于杯测的标准作业程序与相关标准请参见 https://sca.coffee/research/coffee-standards，此网页中的杯测标准章节中有与所有杯测相关的标准规定与程序。

应注意：

· 称取咖啡粉应精确至 0.1 克。

· 若粉量精确至0.1 克，注水量有数克差异时不至于影响评估的结果。

· 杯测匙应有圆形匙面与深底。

· 将咖啡喷入口腔中，使其形成许多咖啡液滴而增加表面积，可使咖啡展现出更多香气特征。

· 在咖啡温热时与冷却后皆进行杯测评估是很重要的，因为有些瑕疵风味在较低温度下易被检出。

· 每次啜吸之后将杯测匙浸入涮匙杯，再轻敲于杯测桌上的餐巾纸让残留水分吸干。

· 携带一个吐杯，盛放每一次啜吸后吐出的咖啡，以避免咖啡因过量。

杯测意式浓缩烘焙

许多烘豆师不想多花工夫替意式浓缩烘焙杯测。我认为这是错误的，因为无论为了什么冲煮方式烘焙，杯测仍是最有效的评估烘焙品质的方式。浓缩咖啡的萃取过程是极其多变的，很容易会因为浓缩咖啡的不良萃取而误将一个优良的烘焙批次剔除。杯测虽然可能无法精确地指出咖啡在浓缩萃取下尝起来是什么样子，却是评估烘焙品质最可信赖的方法。若杯测结果品质良好，但同批次在浓缩萃取上品质不佳，检视浓缩萃取是否有无缺失就很值得。

若要使一批次的烘焙成功可能性最大，以制作浓缩咖啡，则应让咖啡充分排气（degas），以避免萃取不足。烘焙完数天内的新鲜熟豆应在咖啡研磨 40 ~ 60 分钟后再进行浓缩咖啡的萃取。或者应该让咖啡熟豆于烘焙后熟成 10 ~ 15 天，并于研磨后立即进行浓缩咖啡的萃取。

烘焙后立即杯测

我在执行顾问工作时会有要立即改善客户烘焙品质的压力。对我而言，等到隔天进行杯测，杯测后再调整烘焙，并且再等一天才对新批次的杯测，这样的做法往往并不实际。经由适当的操作，烘焙后立即进行杯测，就可在调整烘焙曲线时提供快速得到烘焙调整成效的反馈机制。

若要在烘焙后立即进行杯测，很关键的是确认研磨前豆心已得到充分的冷却。虽然在冷却盘中三四分钟之后，豆表触碰起来是冷的，但豆心可能还需要一两分钟的冷却才会降到室温。温热的豆子脆度较低，在磨豆机中会被不适当地研磨，并因此产生空洞、咸鲜与令人不悦的风味。就算咖啡豆已完全冷却并适合研磨，尝起来仍会跟一天之后的杯测不一样，不过，杯测的结果已足以指出下一批次烘焙调整的方向。焙烤、发展不足与烘焙味易于在烘焙后数分钟的杯测中尝出。当需要使用相同咖啡豆进行连续数批次的烘焙时，烘焙后立即杯测所提供的即时反馈意见能帮助烘豆师逐步改善每一批次的烘焙。

第十六章

咖啡豆的储存

Bean Storage

· 16 ·

EMPTY GUNNY BAGS

咖啡生豆的包装

在我开始烘焙咖啡时，所有的生豆都包装于疏织的麻布袋中，既不能保护生豆不受外来气味的沾染，也不能避免含水率的变化。在过去15年来，以GrainPro这样的气密性塑胶袋封装高品质生豆已成为业界标准。虽然以塑胶袋封装生豆时每千克生豆成本会增加数美分[①]，但这可换来减少运输时的品质损失，并减缓咖啡生豆的陈化。使用塑胶袋封装生豆可轻易避免因运输造成咖啡生豆品质在杯测评分上1～2分的损失。每一分的分数在精品咖啡的范围内每磅生豆价值0.15～0.75美元（依市场状况而定[②]），所以塑胶袋封装是项绝佳的投资。就算采购的是低于精品级的咖啡生豆，塑胶袋包装仍能让这项投资获得优异的回报。

生豆储存与效期

生豆储存环境温度越低，生豆陈化速度就越慢。在最极端的状况下，冷冻的生豆几乎完全不会陈化，并可维持新鲜达数年之久。虽然我不建议所有烘豆师都去将生豆冷冻，但若是计划将生豆保存长于4～6周的话，我会建议将生豆储存于较低的温度下（比如地下室）。室温仅

① 依照作者所著的《咖啡烘焙：烘豆基础手册》第三章讲述的，使用GrainPro袋的包装成本为每磅生豆0.05～0.1美元，约合每千克11～22美分。

② 依作者所述每一分的分数值每磅0.15～0.75美元，约合每千克33～165美分。

在短期储存时是合适的温度，而最重要的是避免让生豆暴露于超过 27 摄氏度的环境并维持较长时间，这会比将生豆放在 27 摄氏度以下的环境时的陈化速度显著快很多。

生豆储存与可再现性

不管你选择以什么温度长期储存生豆，我都建议烘焙前将生豆保持于室温或接近室温至少 3 天。烘焙前稳定生豆的温度并确保豆内外没有温差是非常关键的。

熟豆的储存

熟豆的陈化速度较生豆快上许多。运用在生豆上的原则一样适用于熟豆的储存：使用密封包装袋并储存于较低的温度下可保护咖啡豆并延迟陈化。打算于烘焙后一两周内使用的熟豆可于室温下储存于密封容器中。

若是适当处置，冷冻可延长上架期达数年之久。与室温下的咖啡豆相比，冷冻的豆子质地较脆，研磨时会产生较多的细粉。这种现象对浓缩咖啡的萃取是可接受的，所以，使用冷冻熟豆制作浓缩咖啡很合理。但这些极细粉不适合滴滤萃取，所以我建议在制作滴滤咖啡时，研磨之前先将熟豆退冰。

若是在家里想将滴滤用豆冷冻保存，我建议将豆子分成单次冲煮量并密封，在冲煮前于室温下密封退冻，之后再研磨。若是需要冷冻储存的熟豆较多，建议购买一台小型的真空封口机，这可使长期冷冻储存条件最佳化。

ETHIOPIA

Uraga
Uraga
Uraga

咖啡粉的储存

虽然在精品咖啡业界我们都是在冲煮前才立即研磨，但咖啡批发烘焙商的顾客（比如餐厅）会要求购买已研磨的咖啡。若要供应给这一类型的客户，我建议采用小包装的真空密封包装。若要使用更先进的技术，则可用充氮包装或是于包装内置放脱氧剂。以此方式包装的咖啡粉可使新鲜的风味保持数月，但顾客需于拆封后立即冲煮，因为咖啡风味会衰退得非常快。

第十七章

常见烘焙错误与困难

Common Roasting Mistakes and Hindrances

· 17 ·

MONTREAL
QUEBEC
SANREMO

我会在本章列出我最常遇到的烘焙错误与困难。这些都是可被轻易修正的。

数据修匀过度

虽然将嘈杂的温度数据在一定程度上修匀以理解数据是必要的，但许多烘豆师将数据修匀到极致，从而丧失了大部分数据应有的价值。部分烘豆师喜欢修匀数据，因为这样做可将烘焙的错误与较小的烘焙不一致隐藏起来。但若比起数据看起来如何，你更在意咖啡尝起来好不好的话，你应坚持尝试所需最低限度的修匀，并仅止于此。

过粗的温度探针

使用不必要的过粗温度探针造成的影响与过度的数据降噪类似。我建议使用直径为 2.5 ～ 4 毫米的温度探针收集数据，以合理平衡反应速率与噪讯。如前文所述，较粗的探针具有较高质量，将减慢反应时间并产出平滑且延迟的数据曲线。图 17-1 所示的是相同批次的烘焙，但曲线分别由直径为 3 毫米的豆温探针（蓝色曲线）与直径为 10 毫米的豆温探针（黄色曲线）测得的数据绘制而成。请注意，直径为 3 毫米的豆温探针的 ROR 曲线在一爆后显现出一处有问题的隆起，但直径为 10 毫米的豆温探针将数据大幅降噪修匀，导致在 ROR 曲线上看不出有隆起现象。

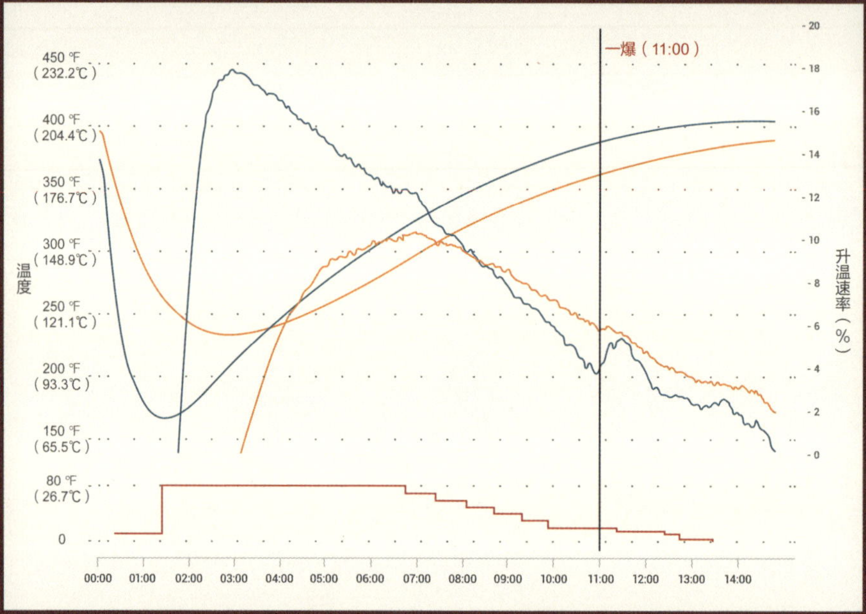

图 17-1　分别由直径为 3 毫米的温度探针与直径为 10 毫米的温度探针测得数据绘制的同一烘焙批次曲线

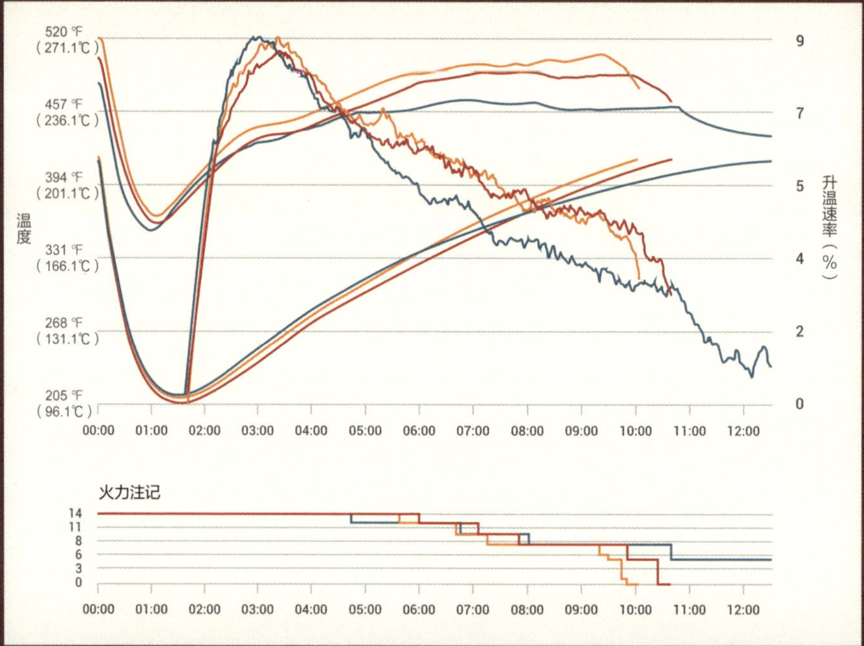

图 17-2　图中显示的是相同咖啡使用相同起始火力设定等条件连续烘焙三批次的曲线。虽然反转点并不是真实的豆温数据，但若烘豆师使用了有效的批次间程序来进行连续三批次的烘焙，则三次烘焙的豆温曲线应该自反转点开始就完美重合

太多烘焙量不一的烘焙

有效率的商业运作方式有时会与烘焙出最佳咖啡的方式有所冲突。最常见的矛盾之一就是选择什么烘焙量进行烘焙。理想状况下，烘豆师仅执行一种烘焙量且不轻易更动。单一烘焙量的烘焙使针对咖啡的烘焙调整变得较为容易，也较易执行最佳的批次间程序。在一段多批次的烘焙中，仅同一种咖啡在不同烘焙量间切换烘焙，就需要调控不止一条烘焙曲线，还需要特别的批次间程序来转换烘豆机的热能状态，以适应不同的烘焙量。要恰到好处地成功执行这样的批次间程序的转换极度困难。

我能理解烘豆师有时需要烘焙不止一种的烘焙量。我建议尽可能限制烘焙量的变化，尽量尝试将批次烘焙量标准化为不超过两种，并集中精力于调整转换烘焙量时的批次间程序。

不一致或低效的批次间程序

仅有少数烘豆师具有可信赖的烘焙一致性，这是咖啡业界公开的秘密。获取烘焙一致性的第一步就是执行有效的批次间程序。当烘豆师精准地执行规划良好的批次间程序时，烘焙曲线会相互追随靠近且无间隙（参见第五章）。

自满、盲测不足与杯测他人作品

烘豆师常常过于自信，就算新晋的烘豆师也是这样。不少烘焙新手仅有数周的烘焙经验，却告诉我他们是自己国家前 10% 的顶尖烘豆师。许多烘豆师成了自己作品的粉丝，而不是中肯的批评者，这反而阻碍了他们的进步。作为一名咖啡爱好者，想要买一杯咖啡，放松地欣赏这杯咖啡的本质，这是很自然的事。但专业咖啡从业人员在饮用自己的咖啡作品时，最重要的是不断地问自己“怎样让这杯咖啡变得更好？”。自我质疑并诚实地批评是进步的关键。

烘豆师可以使用工具协助自己严谨地分析自己的咖啡，同时保持平衡的视角。这些工具包括与不同的工作伙伴杯测、不停盲测、频繁将其他烘豆师的作品与自己的咖啡一起同桌盲测，以及可能时征求较有经验的同业的意见。

第十八章

烘焙记录软件与自动化

Roasting Software and Automation

· 18 ·

烘焙记录软件的类型

你可以从以下数种类型的烘焙记录软件中选择：

- 简易且免费的烘焙数据记录软件［免费软件（freeware）］
- 精密数据记录免费软件并附其他功能
- 商用烘焙厂管理方案（roastery management solution）
- 整合型软件（integrated software）

简易烘焙数据记录软件（供非专业技术者）

如本书前面章节所述，烘焙数据记录软件在帮助烘豆师精进技能上扮演着举足轻重的角色。若你是家庭咖啡烘焙者，仅想烘出好咖啡，那么免费的数据记录软件足以满足你的需求。

精密数据记录免费软件并附其他功能

对于那些有一些技术能力的烘豆者，除了记录数据功能，还想有生成烘焙参照曲线，并从各种角度分析烘焙数据，具备高度可定制化的设定的话，Artisan 这样的软件会是最佳选择。

商用烘焙厂管理方案

烘焙厂管理方案是能提供传统烘焙数据记录功能及技术支援、自动存货控制、生产计划等效能增进功能的商业化套装软件。烘先达是这类软件中最广为人知的。

整合型软件

烘豆机制造商（Probat、Diedrich、Giesen 等）提供了不同形式的内建或是外加的烘焙控制软件。此类型的整合软件通常能提供粗略的数据记录及烘焙自动控制功能。我的许多客户在购买新烘豆机的同时购买了整合软件，却常常受挫于其有限的功能，虽然已经付费购买了此类整合型软件，但最终仍转向使用烘先达或 Artisan。我相信烘豆机制造商已感到提供合宜软件的竞争压力，但提供的软件功能往往落后于那些专心致力于烘焙软件的公司。在过往这两年间，烘豆机制造商与烘焙厂管理方案供应商开始形成伙伴关系，这种迹象代表烘焙软件市场开始成熟，且这类整合型软件会进步更快。

有一些整合型软件是值得使用的。我不想在此指明厂牌，但若读者们对使用整合型软件感兴趣，我建议选择的厂家是能提供让其产品（硬件、软件、数据管理）彼此相容的生态系统，这远较选择那些仅提供老旧昂贵的外加整合型软件的公司为优。如果你正在考虑于新烘豆机上加装整合型软件，请务必对此软件进行实地测试，同时将此测试批次数据用烘先达记录分析，这些比较结果将对是否加装软件提供非常有帮助且关键的信息。

如何选择所需的软件

在选择最佳方案前，请先考虑这些问题：

· 烘焙是不是你的事业？当有问题导致停产时会不会造成财务损失？商用烘焙厂管理方案很可能是最佳选择。

· 你是一位自家烘焙者，只是单纯地想要追踪烘焙数据，为了在使用小型烘豆机时增进烘焙品质吗？简易的免费软件很可能是你所需要的。

· 你在烘焙时想要用软件生成参照曲线，并且同时分析数次烘焙的数据吗？可能所有软件类型都适合，但大部分整合型软件仅能提供较粗糙的数据解析度，而免费软件常常需要技术能力去调整所有的功能，商用烘焙厂管理方案可能会是一般使用者的最佳选择，而对于具有技术背景的用户来说，免费软件可能是合适的选项。

· 除了烘焙数据记录与烘焙分析，你是否还需要追踪生豆库存、生豆样本、配方组成成分以及多种不同的品管项目管理？商用烘焙厂管理方案是最佳选择。

烘焙控制与自动化

烘豆机与软件的组合从全手动到全自动都有，其中还有各种不同的半自动选项。我喜爱这种尽可能将烘焙过程自动化的想法。在你皱着眉批判这想法之前，请考虑我们其实已经将几乎所有烘焙过程的控制都外包给了感测器、阀件、燃烧器、风扇与电脑等元件了。我不是放肆地如此说，但大部分反对自动化的人都轻易忽略了一点，即其实我们已经倚赖机器监控烘焙过程并且执行几乎所有的工作了。自动化是未来的烘焙趋势，但目前对于增进自动化能力的尝试常常令人失望。

手动烘焙

手动烘焙需要操作者拉动控制杆、转动旋钮或按下按钮，以在烘焙时改换火力与空气流量的设定。虽然操作者可手动烘焙出美妙的咖啡，但人为操作错误与些微的不一致会使手动烘焙难以精准地重现。若是你倾向于使用手动烘焙，请确保你的感测与控制设备能提供合理的精准度。

烘焙处方软件系统（半自动控制）

这类系统可让烘豆师在该批次烘焙前将火力与空气流量的烘焙处方输入设定，在烘焙时根据烘焙的时间进程或温度进程由软件控制执行这些预设程序。此类系统若是操作得当，会比我见过的所有自动烘焙系统都好。烘焙处方软件唯一要注意的是，在一爆开始后可能常常需要切换

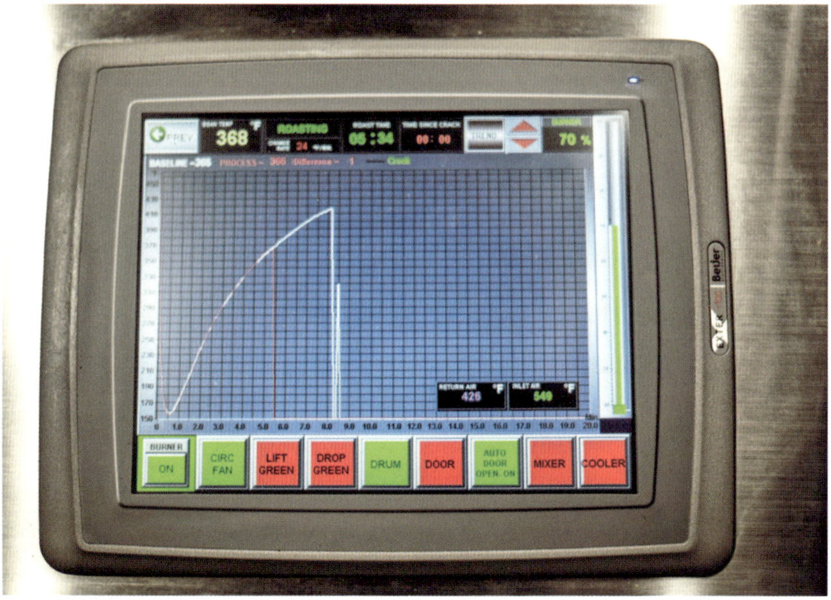

成手动烘焙控制才会更好，这要根据系统的功能与精准度而定。

烘焙处方系统如今可于整合软件（例如 Probat Pilot）中找到，亦可于精密免费软件（例如 Artisan，若你具备强大技术能力会很有用）中提供，或是成为商用烘焙厂管理方案（比如烘先达中的“Gas Control & Replay Asist”）的一部分。若你选择使用处方软件系统，请确认该系统能为每次烘焙提供合理足量的预先编辑步骤（有些较老旧的整合性软件系统每次烘焙仅能提供不够使用的 3~5 个火力调整步骤）。

自动曲线追踪系统（全自动控制）

大部分的自动曲线追踪系统利用烘焙时对火力与空气流量的微调尝试复制先前的烘焙曲线。理论上，这样的系统应优于其他任何软件，但实际上我见过的自动曲线追踪系统都远不如其宣称的效果。这些系统常常会造成实际温度距离目标温度过高或过低，并超过可接受的范围，以及在实际温度与目标温度偏离过大时会反应过度，以快速微幅升降低火力的方式调整热能供应，这会剥夺咖啡的甜味。

另外，还有可加装于烘豆机上的第三方自动控制系统，但我的经验是，这样的系统常问题丛生，并需要专门技术人员长时间的调整。若你决定购买全自动控制系统，我的建议与之前购买整合型软件的建议相同，选择能够提供相容产品的生态系统（硬件、软件、数据管理），购买前应试用过设备，将数据用烘先达记录并进行烘焙后分析（我建议用烘先达软件追踪试烘焙数据，因为其观察数据的高解析度能帮助你指出全自动软件造成的烘焙错误）。

No roaster selected
Cooling:
Roasting fan
Cooling fan
Roasting drum
Agitator
OFF
START
00:00
F/min
min
Today's production
Next roast
Profile information
acer
DELL

第十九章

软件安装与除错

Software Setup and Troubleshooting

· 19 ·

连接烘豆机之前需考虑的事

若你仅用烘豆机内建的整合型软件控制烘豆机并记录烘焙数据，别无其他需求，那么这系统应该自一拆箱起就能妥善地工作，你将不需要本章的内容。

若你已选择使用外加软件与烘豆机一起工作，那么此章节可供参考。本章是在烘先达许多经验丰富的伙伴协助下写成的，会帮助你将软件连接至烘豆机上并排除疑难。

安装所需的硬件环境

若要安装第三方软件，你需要一台个人电脑或是（2013 年之后生产的）Mac 电脑，并配有 4GB 以上的 RAM 与 500GB 以上容量的硬盘、一个网络连接端口与一个 USB 连接端口，以及一个 15 英寸以上、可支持高分辨率（1080P 以上像素）的显示器。另外，厂区需要有清晰高速的网络信号环境。

烘豆厂用电脑的选择

烘豆厂灰尘太多。笔记本电脑与小型电脑产热较少，并且比大型电脑积累的灰尘少，所以对于烘豆厂来说是更好的选择。

显示器尺寸很重要，尺寸越大，就可看到越多的数据细节，尤其在距离显示器较远时。我建议使用尺寸很大的显示器，这能让你更清楚地检视烘焙数据；如果你在咖啡店中烘焙，这也是很好的吸引消费者的方式，让他们对咖啡烘焙的过程产生兴趣。

如何连接到电脑

若采用烘豆机制造商的整合型记录软件，会限制可记录烘焙软件的选择。若要连接到电脑并使用第三方软件方案，那么有几种方式可将软件与烘豆机连接。

· 若是烘豆机具备以太网或 WiFi，则可选择一个连接到你的笔记本电脑。若要在其中选最佳方式，以太网线的连接会比 WiFi 信号更稳定。若是选择使用 WiFi，请遵循软件开发商的指示，在无线网络中找到你的烘豆机。

· 若是烘豆机具有 USB 连接端口，则需要 USB 连接线。线长通常应保持在 3 米内，以确保稳定的连接。

· 若是烘豆机没有以太网、WiFi 或 USB 连接端口，就需要一个数据桥接器（如“Phidget”）感测界面装置将烘豆机的温度探针信号连接到软件。

如何确认系统运作正常

一旦将软件与烘豆机连接，就应确认电脑上所见与烘豆机显示的信息是同步的。

· 检查所有预期显示的数据（豆温、环境温度等）都已显现在显示器上。若是没有显示，则应在软件的“设定”选项中激活该功能。

· 比较电脑与烘豆机显示的个别温度数值，两者应相同。

· 进行测试烘焙，以检视烘焙曲线是否如同设定并同步显示。

· 在烘焙结束后检视软件是否完成同步烘焙数据并妥当储存。

连接与数据的排错

若是软件没有成功与烘豆机连接，或是数据看来不寻常或不一致，请考虑下列排错步骤：

· 检查所有实体连接部位。

· 考虑是否近期有任何改变、移除、升级或替换等情况发生。

· 关闭所有电源 15 ~ 20 秒后再度启动，大家可能会觉得这样的举动好笑，但常常有效。将所有设备电源重新连接后，启动电脑，再启动烘豆机。

· 联系你的供应商或是支援技术人员。若使用免费软件，可至网络相关论坛上寻求帮助。

专家秘诀与可简单避免的错误

专家就是在特定狭小领域中，犯过所有错误的人。

——尼尔斯·玻尔（Niels Bohr[①]）

在烘先达工作的伙伴们已见过所有错误，并且提供了简便但得来不易的解决建议：

· 了解你的温度传感器。你使用的是 J 型还是 K 型热电偶，或者是其他类型，比如电阻温度检测器？

· 接地的温度探针常会收到干扰信号，尤其是编接的探针导线。要想知道探针导线是否接地，可将导线端点露出，并轻触已启动的烘豆机表面。每次触碰会造成一道高于室温的尖峰信号。最好避免使用接地的温度探针。

· 将热电偶的正负极接反会导致温度读值变化方向错误。这是在安装时经常发生的错误。

· 热电偶会老化并逐渐丧失准确性。应将此特性牢记在心，并每隔数年更换一次。

· 静电：若要进行线材的编接，应穿着橡胶底的鞋子，并在开始编接前触碰金属表面，以消除静电。静电可导致电子装置损坏。

· 处理线材时，应先断开以太网线或 USB 线与电脑的连接，并关闭烘豆机电源。

· 安装人员在场时就应确认以太网或 WiFi 的连接正常。

---

① 尼尔斯·玻尔（1885—1962），丹麦物理学家，于 1922 年因对原子结构与自原子发散的辐射研究获得诺贝尔物理学奖。

词汇表

空气流量（airflow）：空气自一区域通往另一区域。空气流量是烘豆过程中主要的热能传递与污染移除的方式。

Artisan：普遍使用的免费软件，用以记录咖啡烘焙与其他数据。

涩味（astringency）：在尝过特定食物或饮料后，于口腔感受到的干燥触觉感受。

焙烤（风味）[baked（flavor）]：咖啡喝起来感到空洞且如同麦秆般的风味，由烘焙曲线的升温速率快速下降造成。

豆温曲线（bean-temperature curve）：咖啡烘焙批次过程中以图形显示的豆温数据。

豆温探针（bean-temperature probe）：在烘焙时测量咖啡豆表面温度的装置。

批次间程序（between-batch protocol）：在烘焙批次之间用以调整并重设烘豆机之热能状态的方法。

黑咖啡（black coffee）：指称不含任何形态牛奶的咖啡饮品类型。

堆积密度测量法（bulk density measurement）：一种简易但并不精确的测量咖啡豆等物体密度的方法。

焦糖化反应（caramelization）：糖类的褐变反应。

碳化（carbonization）：将有机物转化为碳的过程。在烘焙中，这也是咖啡豆变成黑色所需的反应。

通道效应（channeling）：在咖啡渗滤式冲煮时，咖啡粉层形成较宽且高流速的路径。

投豆（charge）：将咖啡生豆投入烘豆机中，开始该烘焙批次的时机。

传统滚筒式烘豆机（classic drum roaster）：咖啡烘豆机的设计之一，具有水平可滚转的烘焙滚筒，悬挂于燃烧器或其他热源之上。

导热传热（conductive heat transfer）：经固体间直接接触而传递热能。

对流传热（convective heat transfer）：经流体传递热能。

烘先达（Cropster）：极受欢迎的咖啡烘焙与烘焙厂管理软件。

杯测师 / 杯测（cupper/cupping）：杯测是由杯测师品尝并评估咖啡品质的咖啡业界标准方法。

阻风门（damper）： 用以限制咖啡烘豆机空气流量的机械装置。

排气（degas）： 烘焙后咖啡熟豆在储存时释放豆内气体的现象。

计算时距 / ROR 间隔时间（delta span / ROR interval）： 对温度数据点取平均值以形成 ROR 曲线的时间段。

导数（derivative）： 在微积分中指任一变量相对于其他变量的变化速率。在咖啡烘焙中，豆温曲线的导数即为 ROR 曲线。

发展时间（development time）： 一个批次烘焙自一爆开始至烘焙结束的时间。

发展时间比例（development time ratio, DTR）： 一个批次的发展时间相对于总烘焙时间的比值。

水中置换法（displacement measurement）： 一种测量计算物体密度的方法。

电热烘豆机（electric roaster）： 以电热装置作为热源的烘豆机。

环境温度（environmental temperature, ET）： 烘焙过程中离开烘豆机滚筒的空气温度。

ETROR（environmental temperature rate of rise）： 在咖啡烘焙中离开滚筒的空气温度在单位时间内的变化速率。烘豆师常用 ETROR 曲线辨别一爆开始的时机。

蒸散冷却（evaporative cooling）：水分蒸发造成的冷却效应，例如烘焙中在豆表发生的蒸散冷却。

弹升（flick）：咖啡业内用来指称烘焙后期 ROR 曲线的上升。

一爆（first crack）：烘焙过程中的一个阶段，其特征是咖啡豆内部释放压力与水蒸气，造成响亮的爆裂声。

免费软件（freeware）：消费者不需付费即可获取的软件。

火力暂沉法（gas dip）：一种烘焙火力的调控方式，用以避免烘焙过程中的 ROR 骤降现象。

咖啡生豆（green coffee）：咖啡豆未经烘焙前的状态。

英寸水柱（inch of water column）：使水柱上升一英寸所需的压力。

间热滚筒式烘豆机（indirectly heated drum roaster）：燃烧器的火焰不会与滚筒直接接触的烘豆机设计。

入滚筒风温（inlet temperature）：烘焙过程中来自燃烧器的热空气进入烘豆机滚筒时的空气温度。

整合型软件（integrated software）：由烘豆机制造商提供内建或外

加的烘焙控制软件。

延滞期（latency）：成因与造成效应间的延迟时间。在豆温探针的例子中，因应对豆温变化，探针需要反应时间而造成延迟。

美拉德反应（Maillard reaction）：氨基酸与还原糖之间的化学反应，可产生咖啡豆褐变的颜色与烘焙味。

压力计（manometer）：可测量液体与燃气压力的仪器。

搅拌桨叶（mixing vane）：烘豆机滚筒内侧的桨叶状突起，用以搅动混合咖啡豆。

含水率（moisture content）：在咖啡烘焙中用以指称咖啡豆重量中水所占的百分比。

通用烘焙（omniroast）：在咖啡业界中，当烘豆师提供或咖啡师使用同一批次或相同烘焙度的咖啡豆来制作意式浓缩咖啡与滴滤咖啡时，此类烘焙称为通用烘焙。

渗滤冲煮（percolation）：以水通过咖啡粉层将可溶物质溶至液体中的萃取方式。

量产烘焙（production roast）：该批次咖啡的烘焙以销售为目的，与仅供评估的烘焙不同。

ROR 骤降（ROR crash）：ROR 曲线在烘焙过程中发生近乎垂直下落的现象。

ROR 曲线（ROR curve, ROR or BTROR）：烘焙过程中豆温在单位时间内变化量的曲线。

电阻温度检测器（RTD）：一种咖啡烘焙中会使用的温度探针类型。此类探针借由检测不同温度下特定金属探针的电阻变化来测量温度。

短萃意式浓缩咖啡（ristretto）：萃取很短的意式浓缩咖啡，或使用低水粉比萃取的意式浓缩咖啡。

烘焙发展（roast development）：烘焙中分解咖啡豆纤维素的过程。

烘焙厂管理方案（roastery management solution）：提供传统烘焙数据记录功能，并附加其他可提高效率的功能（比如技术支援、自动存货控制与烘焙计划等）的商用软件组合。

样本烘焙（sample roast）：通常为 100 克的小量烘焙，烘焙出的咖啡通常用来评估是否采购生豆。

样本烘豆机（sample roaster）：能批次烘焙 50 ~ 500 克烘焙量的烘豆机。

焦斑（scorching）：烘焙中咖啡豆表面受到灼伤。

二爆（second crack）：深烘焙会经历的烘焙阶段，因二氧化碳自豆中释放而产生响亮的爆声。

低火投豆（soak）：每批次烘焙的头一两分钟烘豆师使用低火力设定后才升高火力的烘焙方式。

失速（stall）：在烘焙中将豆温停止上升称为失速。

热导率（thermal conductivity）：测定材质导热难易的能力。

系统热能（thermal energy）：系统中所含的决定其自身温度的能量。

测温延迟（thermal lag）：烘焙中探针温度读值变化较实际温度变化更慢的现象。

热电偶（thermocouple）：此类温度探针借由检测不同温度下两种不同金属接点间产生的电压变化来测量局部温度。

第三波咖啡浪潮烘焙（third-wave roast）：咖啡业界的一般理解是，将精品等级的生豆浅烘焙。

尖端焦伤（tipping）：咖啡豆长轴尖端上的灼伤痕迹。

取样勺（trier / trowel）：安装于烘豆机前面板上用以在烘焙中采检咖啡豆的勺子。

反转点（turning point / the turn）：烘焙中典型豆温曲线的最低温度点。

发展不足（underdeveloped）：烘焙后咖啡豆心于烘焙时受热不足或纤维素分解不足。

萃取不足（underextracted）：咖啡冲煮时咖啡可溶物质萃取不充分。

未接地（ungrounded）：在热电偶的制作上，两不同金属的接点处为测温点，其外有金属护鞘包覆测温点。若护鞘与测温点没有碰触，则不会形成接地回路，可因此避免数据噪讯的来源。

水活度（water activity, a_w）：如维基百科所述，一物质中的水蒸气分压力除以标准状况下的水蒸气分压力即为水活度。以通俗的讲法来说，就是食物中未被结合的自由水分子与被结合水分子的比值。

白咖啡（white coffee）：澳大利亚人用以指称含有牛奶的咖啡饮品，例如卡布奇诺。